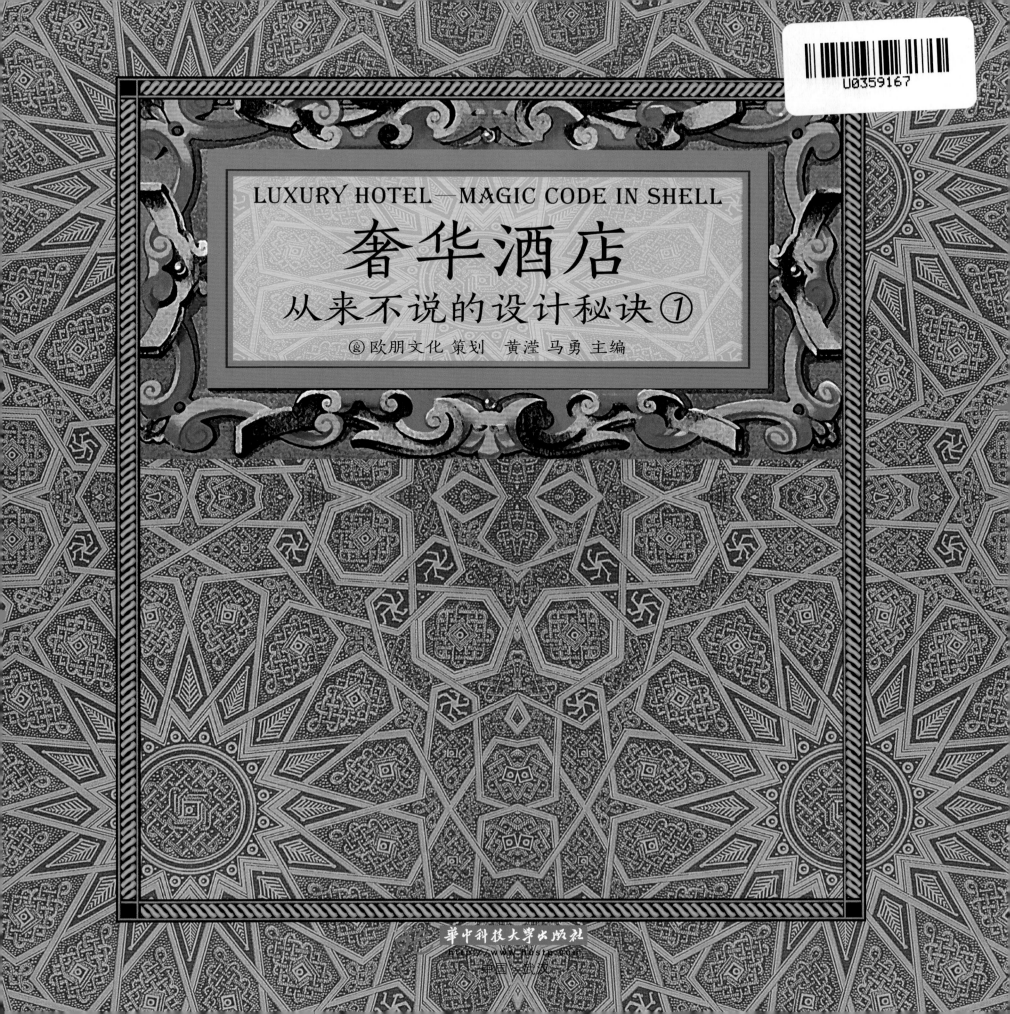

LUXURY HOTEL—MAGIC CODE IN SHELL

奢华酒店

从来不说的设计秘诀①

⑥ 欧朋文化 策划　黄滢 马勇 主编

华中科技大学出版社
http://www.hustp.com
中国·武汉

奢华酒店"奢"在哪里？
不说的秘诀背后是无数的细节和详实的数据

国际旅游业发展方兴未艾,统计数据表明,旅游业在1996年就已经超过了石油、汽车、化工等行业，成为世界第一大产业。我国的旅游业发展迅猛，国际顶级酒店品牌纷纷落于中国，布局各个大城中心或风景名胜宝地。而中国人也大踏步走出国门，悠游世界，享受世间的精彩。在中国五星级酒店已经是顶级，而在国外，六星级、七星级、八星级的酒店不断刷新人们的视野，据说十星级酒店的蓝图已经在设计师的电脑中绘制成型，就等施工建设。这些五星级或以上酒店，以及一些国际精品奢华酒店，动辄上千美金，甚至过万美金一晚，价格如此高昂，它们凭什么卖出这样的高价呢。这些价格高昂的奢华酒店到底"奢"在哪里？

不同的奢华酒店，根据其市场定位，可以分为几种类型，有的是商务型的，位居繁华大都市的中心，地段支撑起了价格基础。有的是度假型的，在风景名胜宝地，提供给客人轻松舒适的自然体验，比如阿曼集团，布局全球的酒店无一不在风景绝佳处。度假型的酒店，有的是以文化取胜的，比如将数百上千年遗留下来的古堡、古建筑，改造成传统格调现代设施的奢华酒店，给客人一种原汁原味穿越时光的体验。还有一种是设计酒店，绝妙的想象，超现实的创造，带给客人梦幻般的体验。比如以海洋世界为主题的亚特兰蒂斯酒店，设有巨型水族缸的大堂，独特的水下套房，总是为客人制造一个又一个惊喜。

奢华酒店必须为客人提供超乎预期的美好体验。感受如此美好，价钱自然不是问题。提供美好的体验，光有优越的外在条件还不够，酒店本身的软硬件设施与服务也要同样匹配。奢华酒店的"奢"，价格只是结果，其核心价值建立在酒店对高品质的精益求精，对细节的一丝不苟，对客人的百般呵护，和带来超越期望的体验。当我们看到酒店光彩夺目的外观时，酒店已经对每一扇窗的景观、每一间房的日照时间进行了精密的测算。当我们走进敞阔开扬的大厅，为赏心悦目的装饰惊叹时，酒店还在为你看不见的温度、湿度、新风量进行精确调控。当你住进客房，安顿行李时，酒店为你开关柜门方便而安装了无声的滑栓。当你躺在浴缸里享受怡然一刻时，可曾想过卫生间里每一个细节都经过了精细的调整，比如说水暖零件中混合龙头要让客人能方便地一手操控各种性能，每一盏灯安装位置

都经过仔细测算，避免灯光直射眼睛，还有的酒店连窗外的风景都为你设计得恰到好处，让你在隐秘的角度边赏景边沐浴。当你走进餐厅，开始享受一顿美味的晚餐时，酒店为你准备的不仅仅是美食，还有美器、美景、美好的服务、美妙的表演等。在你看不到的地方，比如厨房，也是整洁明亮，对食材品质、环境卫生等都进行了严格的监测。当你走进会议厅，开始公司一年重要的会议时，你可知道，音响、舞台、灯光、食物供应等都有专门的团队为会议的顺利开展进行紧张有序的工作。一切你看得见或看不见的用心，都是为了带给你超越期待的体验。有时我们会对奢华酒店的昂贵价格发出感慨，质疑它凭什么那么贵，或许会从中得到一些答案，奢华酒店贵在安心，贵在舒适，贵在资源稀有，贵在设计独特，贵在只为少数人服务。有了这些概念，我们对酒店价值评估将有更明确的标准。

全球每一家顶级酒店集团，都有数本厚厚的设计施工手则、服务守则等等规范文本，从策划、调研、规划、设计伊始，到施工建造、宣传推广直到落成典礼、开门迎宾、持续服务，每一个环节都有严格的检验标准。我们所看到的风光霁月的酒店风貌不过是奢华酒店深厚品质的冰山一角。关注奢华酒店的意义在于，虽然景观不可复制，地段需要机遇，但是策划、设计、建造、装饰、宣传与服务，却是我们可以学习和借鉴的。

本书从全球五百家五星级及以上酒店和精品奢华酒店中撷取设计精萃，按功能区分为大堂、客房、餐厅、多功能厅、保健娱乐、文化休闲六个方面，系统地整理了酒店设计的关键点与要点。理论结合实际案例，逻辑思考配合专业数据，综合了十余家国际顶级酒店集团的设计规范，采访了数十位专业设计师，为大家提供系统而详尽的设计解读，务求为设计师开拓设计思路，规范设计操作提供值得参考的设计资料。本书从酒店通用设计出发，结合奢华酒店的设计经验，提供多方面的数据资料。不同的酒店定位，其经济预算、市场定位都各有不同，经济酒店可以做出高端酒店的舒适感与品质感，顶级酒店可以从全球酒店设计思路中寻求突破与创新的灵感。我们相信酒店的价格始终是其价值的体现，而优秀的设计，严格的施工，用心的服务，能够提高酒店的附加价值，从而创造出超越客户期待的美好体验。

目录｜CONTENTS

THE HOTEL LOBBY
大堂

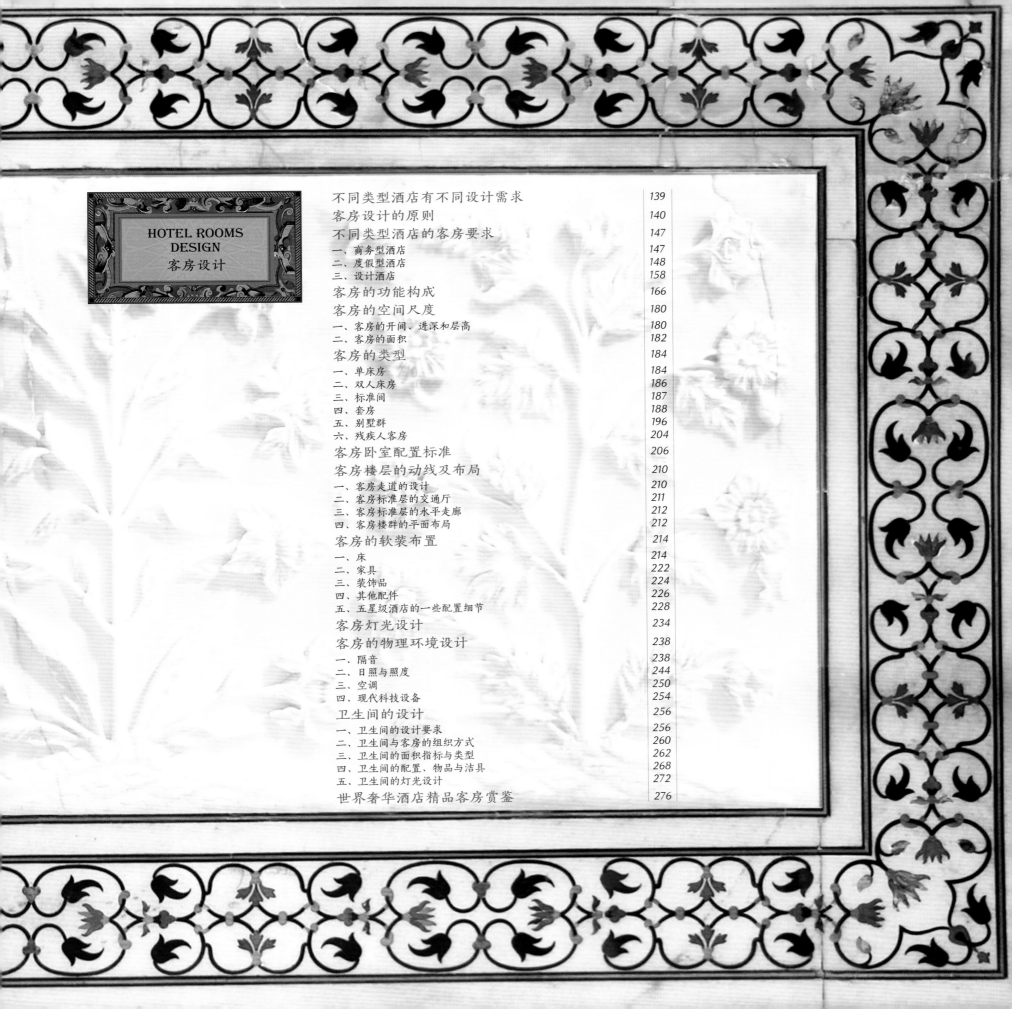

HOTEL ROOMS
DESIGN
客房设计

THE HOTEL LOBBY
大堂

雅加达文华东方酒店

　　雅加达文华东方酒店优雅的大堂设计给人以舒适感与自由感。被镜面覆盖的支柱，既营造出艺术的美感，又给人以时尚奢华的感觉。为了防止客人滑倒，设计师避免使用抛光石材或者其他抛光材料，而采用手工制作的大理石地板作为替代。

大堂是酒店的枢纽

蒙特卡洛巴黎大酒店

酒店大堂是酒店在建筑内接待客人的第一个空间，也是客人对酒店产生第一印象的地方。大堂包括门厅、主厅、总服务台、休息厅、大堂吧、楼（电）梯厅、餐饮和会议的前厅等多个功能区，对星级酒店来说，设计不能仅仅集中在门厅和总服务台，每一个细节的打磨和整体的顺畅运作都很关键。

酒店装修的效果关系到整个酒店以后的发展，而大堂是酒店设计装修的重中之重，它是宾客出入酒店的必经之地，办理入住与离店手续的场所，是通向客房及酒店其他主要公共空间的交通枢纽，它集合了接待、登记、结算、寄存、咨询、礼宾、安全等各项功能，也集中体现了酒店的品位与档次。

蒙特卡洛巴黎大酒店大堂精美绝伦的穹顶让人印象深刻，配合上那悬坠于穹顶的水晶灯，就好像一个巨大的磁场，吸引着客人驻足欣赏。以大理石为素材精心雕刻的罗马式立柱随处可见，浓郁的皇室风情弥漫在整个空间，金碧辉煌得让人睁不开眼。大堂里还有一尊法国国王路易十四策马奔腾的铜像，被摸得油光锃亮——据说所有要去隔壁赌场的住客出门前都会来摸摸这个马腿，期望能带来好运。

仰光商务酒店

阿拉伯半岛利雅酒店

　　阿拉伯半岛利雅酒店大堂设计以独特的手法完美地再现了当地丰富的底蕴和悠久的传统，为宾客开启了一场人文与艺术交织的鉴赏之旅。大堂装饰以红色的大理石石灰作为优美背景，穹顶造型配以纵横交错的几何图案，以及华丽璀璨的灯饰，彰显空间设计的蓬勃，活灵活现地表现出大自然生生不息的本质。对人们来说，耀眼夺目的装饰组合，是对美学和空间的品味。

迪拜都喜酒店

莱佛士麦加皇宫酒店

酒店大堂
设计的原则

酒店大堂设计理念根据酒店的市场定位与经营理念而定，它将决定大堂的整体风格和效果，其设计原则有：

一、满足功能要求

大堂设计的目的，就是为了便于展开各项对客户的服务，既要满足其实用功能，同时又要让客人得到心理上的满足，继而获得精神上的愉悦。一个良好的酒店大堂应该具备下列条件：

（1）酒店入口处要有气派，易于识别；

（2）大堂宽敞舒适，其建筑面积与整个酒店的接待能力相适应；

（3）各个功能区分布合理，便于客户享受便捷的服务；

（4）大堂有一定的高度，不会使人感到压抑，空间比例尺度适宜，令人感观舒适；

（5）交通动线流畅，能快速到达相应功能区；

（6）采光良好，拥有一定的自然光线，如大面积的落地观景窗、天井式的设计、半开放式的设计，都将使室内获得良好的采光；

（7）空气清新，通风良好，温度适宜；

（8）有良好的隔音效果；

（9）照明设计合理，突出重点，指引明确，光照柔和；

（10）材质环保，触感良好；

（11）背景音乐适宜，音量适中；

（12）风格协调，装饰优雅，具有独特的识别性；

（13）设有一定的绿化环境，以自然元素带来空间美的享受；

（14）通讯条件便利，消防措施完备；

（15）大堂安全设施完善；

（16）大堂空间的防尘、防震、吸音以及温度与湿度的控制良好等。

富丽堂皇的印度海德拉巴柏悦酒店大堂设计令人印象深刻，在潺潺流水和苍翠绿叶的环抱下，由 John Portman 打造的一座高达 10.6 m 的抽象派洁白雕像巍然矗立。这座雕像名为"Becoming"，其波浪形亚白色结构高达 8.2 m，伫立在长达 40 m、横跨整个大堂的倒影池末端，位置非常显眼。整座雕像置于细窄反光的不锈钢平台上，初一看仿佛在水面漂浮，是这戏剧化的中庭空间内一道引人沉思的风景。而挑高的空间内，天花板又采用玻璃材质进行装饰，大量引进自然光线，使室内获得良好的采光。

卓美亚阿联酋联合大厦酒店大堂拥有超高的独特天花板、引人瞩目的外观及华丽吊灯，是人们享受阿布扎比假日的开始。为了呼应眼前水色，大堂酒廊在环形玻璃回廊处还特别设计了人造水域，使宾客时刻与水为伴。

在宽敞前厅区的室内露台可将面朝大海的大堂中庭尽收眼底，给客人身处"剧院"般的感受。这一设计别具匠心，是成功的舞台元素布景，对营造前厅区的欢迎与开放式互动氛围起着举足轻重的作用。精心定制的"圆孔"是前厅区的一大亮点，它巧妙结合了灯光与室内建筑设计元素，采用了手工制作的捷克水晶和人工吹制的玻璃制品。"圆孔"重达12吨，其中包括140 m² 的平板玻璃，内嵌超过250 000个水晶组件和12 800个由人工打造的极富艺术美感的玻璃制品。可应客人要求，将前厅区改为设施齐全的活动场地。

二、充分利用空间

　　酒店大堂的空间就其功能来说，既可作为酒店前厅各主要机构（如礼宾、行李、接待、问讯、前台收银、商务中心等）的工作场所，又可作为过厅、餐饮、会议及中庭等来使用。这些功能不同的场所往往为大堂空间的充分利用及其氛围的营造，提供了良好的客观条件，设计酒店大堂时应充分利用空间。

新德里泰姬宫酒店的大堂设计充分利用空间，不仅是礼宾、接待的主要场所，更兼具休闲、会议的功能，营造出一种高品质的感觉。室内软装将传统工艺与时尚设计融合在一起，独特的构图给人留下深刻的印象，也展现了酒店的规模档次和自然流露的高品质，而不是表面的卖弄浮华。

三、注重整体感的形成

　　酒店大堂被分隔的各个空间，应满足各自不同的使用功能。但设计时，若只求多样而不求统一，或只注重细部和局部装饰而不注重整体要求，势必会破坏大堂空间的整体效果而显得松散、零乱。所以，大堂设计应遵循"多样而有机统一"的要求，注重整体感的形成。

　　通常，大堂整体感的形成方式有很多种，以下是星级酒店常用的方法：

1. 母题法

　　母题法在酒店大堂空间造型中，以一个主要的形式有规律地重复再现而构成一个完整的形式体系。它犹如音乐中的主旋律，虽然经过各种不同的变奏，但音乐的基调是不变的，自始至终保持了曲子的和谐与完整。

苏梅岛安纳塔拉博普度假村大堂采用南泰艺术风格设计，"人"字形屋顶下，各种装潢设计注重空间的有机统一与和谐，利用沉稳色调的家装材料，搭配独特的泰式艺术品装饰，彰显出苏梅岛五星级度假村应有的时尚和舒适。

波尔图弗雷舒宫殿酒店

波尔图弗雷舒宫殿酒店接待区过去是一个商业中心和小教堂，同时也是连接到酒吧的"镜厅"。酒店宽敞的大厅设计华丽优雅，丰富的细节装饰透露着浓郁的古典情绪，置身其中，仿如身处十八世纪的欧洲，沉浸在一方典雅之中。大理石地板上铺设有美丽花纹的精致地毯，天花板、墙壁上装饰着烫金壁画，极尽华丽，繁复多彩，搭配简约的古典家具，既与空间融为一体，又避免了繁复装饰带来的沉重感。就像是一个真正的艺术品，十八世纪巴洛克风格的华丽璀璨尽在其中。

罗马瑞吉酒店

步入大堂，一定会惊叹于酒店的
奢侈华贵，那些精细的马赛克大理石、
明亮的铜质烛台、威尼斯玻璃吊灯，
闪耀着十九世纪建筑与艺术、美学与
服务精神的光芒。酒店大量的古董收
藏体现了不同时代的风格韵味，但帝
国风貌仍占据室内环境的主导地位。
真正代表罗马的红色、金色延展至每
一处细节，大理石、金属与丝绸依然
如百年前充盈在室内每个角落。

纽约艾瑟尼纽约广场酒店

纽约艾瑟尼纽约广场酒店大堂设计通过大理石地板、独特的灯饰、帆布壁画、镀金雕塑以及众多的欧洲复古家具的运用，展现了优雅的欧洲风范。其中，最引人注目的是墙上的帆布壁画，绿意盎然的画面营造出一种神秘花园的独特气息。

2. 主从法

构成大堂空间造型的要素有：体重，如大小、轻重、厚薄等；材质，如软硬、粗细、光泽度、透明度等；形，如曲直、方圆等；色，如对比、调和等；光，如明暗、虚实等。这些要素在设计时应有主有从，主次分明，而不应面面俱到、平均使用。若把握不住主从关系，就难以形成大堂空间的整体感。较为成功的做法有：

（1）着重体现大堂的奇特造型；

（2）大胆展示大堂的材质、肌理的美感或现代科技成果；

（3）通过光的运用让大堂充满迷离的气氛；

（4）让色彩统帅整个大堂空间；

（5）将某一风格、流派或样式贯穿整个大堂空间。

棕榈岛亚特兰蒂斯度假酒店

棕榈岛亚特兰蒂斯度假酒店的圆形大堂极富中东色彩，圆顶的天花以及精雕细琢的柱廊，瑰丽却不俗气。天花板下有一件十多米高的由著名艺术家 Dale Chihul 为棕榈岛亚特兰蒂斯度假酒店创作的彩色玻璃雕塑。此雕塑创作历时近两年，捕捉了海洋及海洋生物精髓，高 10 m，由超过 3 000 件色彩绚烂的手工玻璃组成。摄人心魂的造型、巧夺天工的工艺、桀骜不驯的华丽，应和着橙、红、蓝、绿等各种色彩，静立于大堂中央，随时以温柔的强势姿态给每一位前来入住的客人以海洋的迷幻之感。此外，更有八幅由西班牙艺术家 Albino Gonzalez 亲手绘于油画布上的壁画环形围绕大堂天花，熠熠生辉。壁画中描绘出阳历的发展历史，突出表现各星宿及星球的关系，详细诉说了古代亚特兰蒂斯的神话故事。

进入迪拜六国城门瑞享酒店，映入眼帘的便是酒店标志性的 AlBahou（大堂）。大堂高 40 m，充满了中东风情。顶部错落有致地悬挂着 88 盏摩哥风情的吊灯，灯身采用阿拉伯花纹，别具一格。大堂前后两侧均有高达 20 多米的白图泰巨幅画像。大堂吊灯底下，正是开放式的自助餐厅 Mistral，可放眼整个大堂。大堂的另一侧是摩洛哥餐厅 Moroc，入口处有一彩色玻璃方形大钟，内饰是熟悉的阿拉伯式样雕花，拱形尖顶镂空，整体格调简洁但细节精致。

3. 重点法

突出大堂内重点要素，不失为形成大堂空间整体感的有效途径。在大堂空间中，被重点突出的支配要素和从属要素应"友好相处""和平共存"，没有支配要素的大堂将会平淡无奇而单调乏味；但若有过多的支配要素，又将会杂乱无章而喧宾夺主。值得注意的是，重点被突出的程度也应考虑。一旦重点要素已经形成，则应采取恰当的手法使从属要素能起到突出重点要素的作用。因此，大堂重点要素的处理，应既得到足够的重视而又有所克制；不应在视觉上压倒一切或排斥一切，从而使它们脱离大堂整体，破坏大堂整体感。

蒙德里安南海滩酒店

黑与白的搭配，永恒时尚。雕花与镂空，时装惯用的装饰手法。夸张甚至有点怪异的造型，让你好像在看新一季的 T 台秀，偶尔穿插一些复古元素，却也绝对是在现代设计符号里被浸染过的装饰性复古。这就是荷兰设计师马塞尔·万德斯（Marcel Wanders）所打造的蒙德里安南海滩酒店大堂留给人的深刻印象。

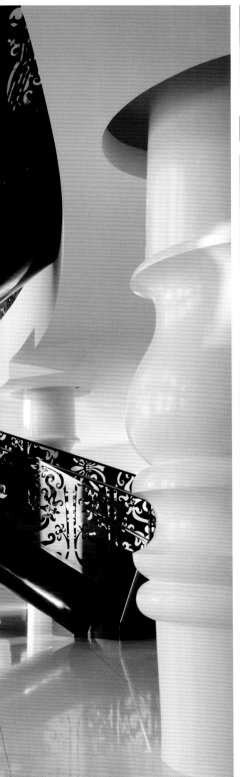

4. 色调法

　　所谓色调法，即以构成空间的基本色调，来统一空间的造型。但它应和一定的气氛相联系，如热烈的、温暖的、柔和的、庄重的、活泼的、清淡的、轻松的等。通常，色调法可分为对比法和调和法两大类，用这两种方法可变化出千差万别的色调来。不过，对比并非指不同色彩的简单映衬，而是仍存在着一定的主从关系，要能使空间在统一中蕴含着变化；而调和，则最易使大堂空间形成整体感，且色调也最易统一，即使有变化，也只是同类色之间的协作关系。

西班牙科隆格兰美利亚酒店

西班牙科隆格兰美利亚酒店新巴洛克主义风格的优雅外观，与独具匠心的内部装饰相得益彰。酒店大堂以大气的红色和纯洁的白色为基调，以惊艳的穹顶和出自菲利普·斯塔克、马塞尔·万德斯和伊德拉等设计大师之手的华丽现代派红色沙发为装饰，巧妙地将传统格调与当代风格有机结合，尽显奢华尊贵，为客人营造一个舒适、典雅的环境。

奥克兰朗廷酒店

奥克兰朗廷酒店大堂瑰丽典雅的装潢,集古典气派与时尚设计元素于一身,缔造出不一样的豪华感受。圆形天花板沥粉贴金,中间挂一绽放璀璨光芒的明亮水晶吊灯,相得益彰,营造出金碧辉煌的感觉。木质墙面与接待台、英式的古典家具、精致的挂画以及芳香扑鼻的鲜花,无一不为整体的典雅主题服务,使得空间每一处都那么光鲜亮丽,让人惊叹不已。

阿布扎比盛贸饭店

阿布扎比盛贸饭店大堂设计采用现代装饰风格,天花板上方装点着别出心裁的玻璃屋顶,内部陈设现代而富有活力,舒适的家具和亮丽的墙面通过黄色与绿色这组调和性相当高的色彩组合搭配,营造出春天般自然清新的视觉效果。

澳门银河酒店

以孔雀羽毛为设计灵感的钻石大堂位于银河第一、二期的西北方向，是澳门银河酒店一期最大的大堂。钻石大堂有一个巨大的"运财银钻"，集合色彩缤纷的灯光、动感的音乐、水幕及一个4 m高的旋转钻石装饰，向来是澳门银河钻石大堂中最吸引游客的景点。璀璨的巨钻在水幕中央缓缓旋转，随即落在仿轮盘设计的喷水池中，寓意财来运转，每半小时呈现一次。

罗马Visionnaire酒店

　　罗马 Visionnaire 酒店大堂设计注重黑白、繁简的对比，体积不大却极尽奢华的黑色水晶吊灯与皮革沙发，展现出空间的灵魂。大理石的地面和天空的一抹蓝色充满现代气息，繁复的装饰立柱成为空间的守卫者。如舞台般的中心会客区，设计师还饶有兴致地设计了秋千，让这个相对庄严的空间多了些俏皮的味道，同时也让每一个追求生活品质的客人都能清晰地感受到地位与荣耀。

四、力求形成自己的风格与特色

　　大堂，作为客人和酒店活动的主要场所，直接影响着来宾对酒店的第一印象，没有风格与特色的酒店，吸引力无疑会大打折扣。优秀的设计，能强化来宾对其的好感，形成良好的口碑传播效应。大堂的装修风格应与酒店的定位及类型相吻合，商务酒店常常用于接待住客的客户，代表的是客人的身份与体面，所以恢宏大气是基本要求；度假酒店体现的是客人对极致生活的体验与对当地文化景观的向往，蕴含当地文化特色，舒适休闲是设计要点；而主题酒店，要强化酒店的主题特色，围绕主题做全方位的包装必不可少；至于设计类的酒店，张扬的是个性特色，艺术性是其脱颖而出的必要利器。

　　个性化设计的方法有很多，比如对当地文化的创造及导入，极具想象力的空间故事，炫人感观的造型设计，艺术氛围的营造，高科技手段的应用等等，无论是哪一种，都应围绕着"人"这一核心展开，为满足其好奇、想象、尊贵、舒适等一切身体和精神的感官需求而进行创造性的设计。

　　米兰 B4 酒店大堂设计别具一格，大面积的落地窗，带来开阔的视野和极佳的采光。一隅的休息空间格外悠闲，纯白色的茶几与芥末绿的沙发随意组合，错落垂吊的灯具同样是白与绿的搭配，清新跳跃，令人耳目一新。大红色的柱子屹立在大厅中央，鲜艳但不刺眼。

米兰B4酒店

拉斯维加斯丽都大酒店

这个由 Rockwell Group 事务所设计的位于拉斯维加斯丽都大酒店的西大厅是一个富有动感的空间，它围绕八个巨型的中央柱子，柱子被镜子和 LCD 屏幕包裹。设计师在柱子上安装了 384 个展示屏，还有 26 个位于接待台的后面，予人全方位大面积的数码体验。

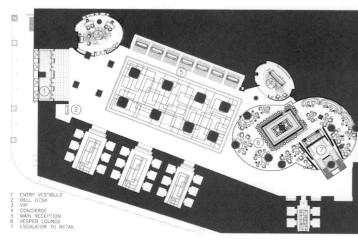

1 ENTRY VESTIBULE
2 BELL DESK
3 VIP
4 CONCIERGE
5 MAIN RECEPTION
6 VESPER LOUNGE
7 ESCALATOR TO RETAIL

酒店大堂面积指标

　　大堂的面积应与整个酒店的客户总数成比例。许多人认为，酒店的大堂面积越大越显得气派。实际上，过大的厅堂，不仅会增加运营成本，还会使酒店显得比较冷清，不利于酒店人气的聚集。因此，在装修酒店大堂时，要充分利用其空间，不能过大，要与酒店的定位、客流量与目标人群相符。城市商务五星级酒店的客房大堂对应面积比约为 $1.00 \sim 1.40\ m^2/$ 间，档次越高，星级越高，对应的大堂面积比越高，一般以不超过 $2\ m^2/$ 间为宜。比如一家 500 间客房的五星级酒店，面积比取中间值 $1.20\ m^2$，大堂面积为 $1.20\ m \times 500\ m = 600\ m^2$。该指标不包括前台、商务中心、大堂吧、商店等营业面积，如果大堂吧或者商店等设计成开放式，在视觉效果上扩大了大堂空间，这种空间的流动和共享，使大堂更加宏大开放，还可以节省一些交通面积。此外星级酒店非常重视客人的尊贵感与舒适感，在休息厅和大堂吧还会适当增加面积，并布置水池、喷泉和绿化等装饰，以带给客人更舒适的体验。

安纳塔拉盖斯尔阿萨拉沙漠酒店

　　安纳塔拉盖斯尔阿萨拉沙漠酒店大堂设计奢华，融入了阿拉伯当地风格以及从泰国带来的东南亚元素，四角有棕榈叶点缀，加上金、棕、褐色等色彩的装饰，宛如肃穆的宫殿一般，神秘、优雅而独有韵味。

一走进印度钦奈希尔顿酒店，就会看到脚下地板上传统的泰米尔雕刻风格石质镶嵌图案，引领客人从门口走进圆形的大堂。该大堂是由上方悬挂下来的当代风格雕刻屏风围成的。穿过大堂客人便会来到具有异域情调的石质登记台。

毗邻大堂入口处的半圆形黑色大理石装饰的是休息室和咖啡厅，这里的设计特意选择了豪华的风格但同时给人以优雅的感觉，这也是欧洲中世纪的典型风格，但又在此基础上进行了全新的诠释。整个空间传达出独特的空间感和永恒感，把一楼打造成让人流连忘返的地方。

酒店大堂
各功能区的设计

一、入口及门厅设计

现代酒店的大门组合与当地的气候条件有关；其数量、大小与酒店装修等级有关。不同习俗、宗教地区对大门也有特别的要求。

1. 主入口形象设计

酒店主入口是客人到达时产生第一印象的场所，它的设计必须能反映酒店的风格和品位。一般通过雨棚、门廊、顶棚或其他建筑特征（含艺术或景观方式）实现。既要能为客户遮风避雨，又能兼顾形象宣传。

德国波恩卡梅大酒店

德国波恩卡梅大酒店巨大的建筑外形是一个非常明显的地标，曲线外观和大块玻璃构成的精细纹理给人亲近的感觉。三个垂直下降的钟型大吊灯，夸张的艺术表现，为酒店增加了些许趣味性。

2. 通道+活动空间+停车场

门前通道要求交通顺畅，人流车流互不干扰。

不同酒店对门前通道的尺寸要求各不相同，以下是某超五星级酒店集团对于门前空间的一些规范：

（1）停车门廊的车道宽度至少为640 cm，路面可以包含双车道。此外，为了避免车道积水，在设计路面排水系统的同时应使路面有一定的坡度；

（2）停车门廊的宽度不小于1 219 cm，应至少能覆盖两个车道。停车门廊路缘处及车道上方的高度不得低于305 cm与427 cm；

（3）停车门廊附近应设置出租车候车区与代客泊车区；

（4）主入口外人行通道的宽度不得低于457 cm。立柱与路缘之间的最小距离应为122 cm，其他地方人行通道的宽度是305 cm，路缘的高度约为10 cm，所采用的建筑材料应与人行通道或车道的路面铺筑材料形成鲜明对比，以便引导行人；

（5）在路侧，设计有两条宽91.5 cm供轮椅及行李车通行的坡道；

（6）提供为道路保养与维护设计供电的防水双工电源接口；

（7）配合冲洗路面用的内陷式软水管接口应具有防霜冻功能。

关于停车场的配置，停车位的最低数量应符合当地的法令法规，不同类型酒店、同级不同品牌酒店的配置都各有差异，一般要考虑到顾客停车场（含商务中心、会议区、景区）、员工停车场、巴士停车场、出租车停车场，两轮车辆停车场等的车位需求。不同类型车辆对停车位的单位面积要求也是不同的，这将会决定停车场所需的总面积（包括进口、出口和通道），比如：

欧洲车辆：每车位26平方厘米

美国车辆：每车位35平方厘米

利雅得丽思卡尔顿酒店辉煌的建筑设计灵感来自于传统的宫殿和优雅的阿拉伯住宅，粗犷的石材勾勒出整个建筑的线条，给人庄重、典雅的感觉。局部又采用精雕细刻的雕花，体现出细节之美。

3. 门+前厅

酒店大门要求醒目宽敞，既便于客人辨认，又便于人员和行李的进出；同时要求能防风，减少空调空气的外逸，地面耐磨易清洁且雨天防滑。大门区即酒店迎送客人之处。因此,有的酒店作双道门,有的作一道门加风幕，其中一道门为超声波或红外线光电感应自动门。门的种类可分为手推门、旋转门、自动门等。

高级酒店门前有专人接待，门前有员工手工拉门迎候；一般酒店大堂用自动门，其一侧常设推拉门以备不时之需；旋转门适用于寒冷地带的酒店，可防寒风侵入门厅，但携带行李出入不便，通行能力弱，其侧也宜设推拉门，便于大量人流和提行李人员的出人。近年出现全自动大尺度的旋转门，可供双股人流同时进出。

大门的形式多种多样，但应显示酒店的独特标志或文化特色。大门装修常用的材料为玻璃，设计着重门框、拉手、图案、四周实墙的处理，有的酒店使用民间工艺艺术等。

不同酒店对入口大门的尺寸要求各有不同。比如某超五星酒店集团部分酒店入口前厅处设置两组对开门，单扇门的宽度为 90 cm 与 180 cm，门的高度为 275 cm，内外两组门的间距不低于 305 cm。

在气候寒冷的地区，会在主入口处设室外供暖设备。对于降雪量大的地区，还会在室外人行通道上铺设供暖管或其他融雪系统。

世茂皇家蒙索酒店可谓法国"生活艺术"的象征，法式的建筑主体建于二十世纪二十年代，入口极其奢华，擅长透过色彩营造气氛的 Philippe Starck 以造型古典的红色路灯及遮雨棚，直接在入口处营造了不同于旧时的华丽诡谲氛围。

马德里丽兹酒店

马德里丽兹酒店入口大门处建筑风格精雕细琢，气宇非凡，带有百年的文化色彩与谨慎细腻的优雅气质。卓绝繁茂的风景，让人宛如置身公园之中，更具神秘力量。

奥姆尼爱德华国王酒店

奥姆尼爱德华国王酒店是一幢纯粹法国文艺复兴风格的高层建筑，建筑精美而典雅。但从外观上来看，酒店门面不大，设计较为低调简单，尤其是对于处在多伦多这样繁华的金融商业区来说。两边的皇家标识蚀刻，带有古朴、传统的韵味。

4. 出入口的交通流程

　　（1）客人步行出入口；

　　（2）残疾人出入口；

　　（3）行李出入口；

　　（4）团队会议客人独立出入口；

　　（5）通向酒店内外花园、街市、紧邻商业点、车站、地铁、街桥或邻近另一家酒店的各个必要的出入口，以及相应的台阶、坡道、雨篷和电动滚梯；

　　（6）通过店内客用电梯厅和客房区域的流程；

　　（7）从主入口和电梯厅直接通向前台的流程必须宽阔、无障碍；

　　（8）通向地下一层或二层"重要经营区域"的楼梯或电动滚梯；

　　（9）通向大堂所有经营、租赁、休息、服务、展示区域的流程；

　　（10）服务、管理人员需要的各个必要的、尽可能隐蔽的出入口、楼梯和电梯；

　　（11）可能与总体布局有关的货物、设备、员工、布草、送餐与回收垃圾出运流程。这些流程不能与客人流程交叉或兼用。

　　与传统的奢豪酒店门面的华丽相比，比亚里茨皇宫酒店的门口设计恰恰反其道而行，装潢相对简单，却考究细节，彰显高雅的传统和优质的生活标准，集华丽与优美于一身。鲜红色与乳白色相间的外部轮廓，加上扇形的黑白遮雨棚，传承了酒店辉煌的传统。

比亚里茨皇宫酒店

与许多罗马的古建筑一样，罗马瑞吉酒店外观有着精美的雕刻，气势恢宏，让人充分感受到十九世纪的建筑艺术风采以及百年的历史沉淀。酒店外观上方至今依然保留着蚀刻于墙面上的"Le Grand Hotel"字样。酒店贵族般的气质使其至今仍是罗马市中心奥兰多大街上的标志性建筑。衣着考究的门童彬彬有礼地接待着每一位到访的宾客，举手投足间向客人透露出身后的酒店绝非等闲之地，高大的铜质转门透着古朴与雅气，再次强调了这间欧洲奢华酒店的纯粹。

凯宾斯基里拉皇宫酒店

凯宾斯基里拉皇宫酒店的建筑风格源于迈索尔皇族宫殿 (Royal Palace of Mysore)，宫殿属十四世纪中期印度毗奢耶那伽罗王朝的建筑。酒店门口，两只大象雕塑支撑起整个宽敞的通道，通道顶部是由铺有薄金片的玻璃制造而成的顶棚。纵观整体建筑外观，给人恢宏雄伟之感。

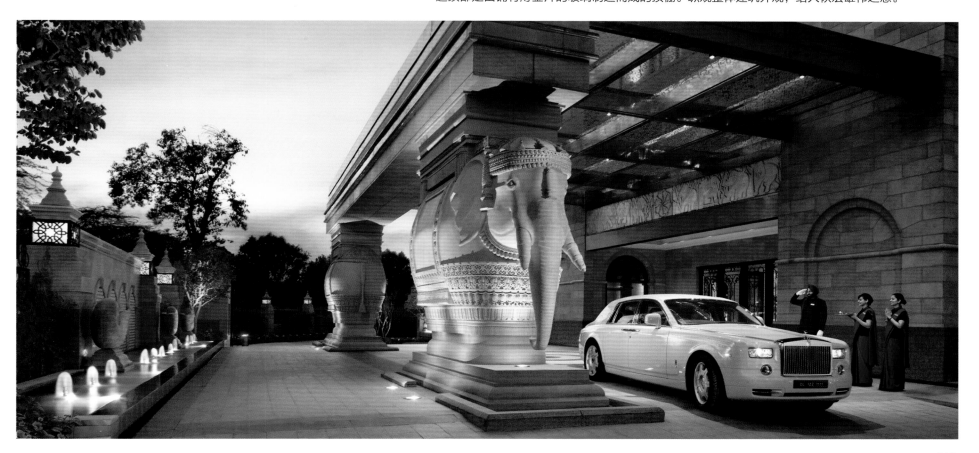

二、主厅设计

主厅用于接待抵达的宾客，面积宏大，是一个酒店的中心枢纽。奢华酒店都要求休息室与接待区设计引人入胜，独具魅力且舒适便利，同时便于进入其他公共场所和客房。

主厅的平面布局根据总体布局方式、经营阵点及空间组合的不同要求有多种变化。最常见的主厅平面布局是将总服务台和休息区分设在入口大门区的两侧，楼梯、电梯位于正对入口处。这种布局方式有功能分区明确、路线简捷，对休息区干扰较少的优点。

门厅的空间应开敞流动，来宾对各个组成部分能一目了然。同时，为了提高使用效率与质量，不同功能的活动区域必须明确区分。其中，总服务台、行李间、大堂经理台及台前等候区属一个区域需靠近入口，位置明显，以便客人迅速办理各种手续。旅行社、出租汽车等，如不设在总台，则需有明显标志；休息等候区宜偏离主要人流路线，自成一体以减少干扰。提供饮料服务的大堂吧则在门厅中形成一个有收益的区域。楼梯、电梯厅前应有足够的面积作为交通区域。

吉隆坡太子酒店

吉隆坡太子酒店的大堂设计宏伟豪华，开放式的空间，一盏奢华的抽象型水晶吊灯从天花板上垂下来，柔和的曲线传达出优雅与诗意，而一旁的玻璃楼梯亦以精美的外形和高雅的气质与之呼应，相得益彰，使整个空间弥漫着现代时尚的气息。

摩洛哥马拉喀什明珠酒店

令人窒息的圆形中央大厅由白色立柱环绕，天花板全部由手工雕刻的木头组成，仿佛是一座巨大华丽的歌剧院。阳光透过圆形的巨大天窗肆意倾泻下来，让整个大厅沐浴在金色的阳光之中，熠熠生辉。环绕的镂空花朵雕饰和波浪起伏的围栏让人感觉置身于海神的宫殿中。此外，还搭配了高级华美的天鹅绒和珍贵的纺织品，这才赋予了 Delano 既走在时代前端，又不失亲切优雅的轻松氛围。

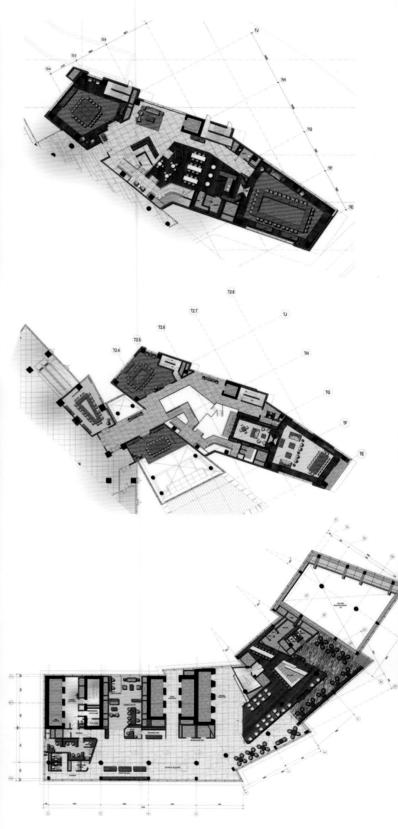

深圳柏悦酒店的大堂空间分为两部分：一层大堂和位于酒店33层的空中大堂。一楼大堂的设计灵感来源于"稻田"，其装饰从地面到天花板，像是一个过渡空间，伴随着顾客来到高度抛光的青铜系列和烟色玻璃升降机面前，并引领客人们来到位于33层的空中大堂。设计师并未对空中大堂做过多的装饰，而是希望通过设计营造出一种空中大堂在恭候客人们到来的感觉。

位于酒店第33层的空中大堂不同于一层大堂，它拥有绝佳的视角，可以通过挑高落地玻璃窗俯瞰远处的山景，给到来的人们以平静和敬畏的双重体验。一条嵌入红色和白色的长毛绒地毯平铺于空中大堂的地面上，在颜色上形成了鲜明的对比。厚重的素色条纹大理石与深色皮质墙面以及木单板镶板形成对比，瞬间为整个空间平添一分张力。 大堂后墙上的当代艺术装饰进一步呼应了"稻田"主题，让顾客可以精细地感知酒店于亚洲的位置。通过对视野角度的战略性设计，从冠顶内一层到其他层的视野，都可以为酒店展现出更多的额外空间，给人以惊喜。

三、接待处和服务台

接待处和服务台提供周到、高效的服务，让来宾感到愉悦，提供入住、退房及支持功能，它不一定是大厅的焦点，但一般而言一进入大厅就能够看到。

（1）前台是大堂活动的主要焦点，向客人提供咨询、入住登记、离店结算、兑换外币、转达信息、贵重物品保存等服务；

（2）前台的电脑要可以随时显示客人全部资料，平均50~80间客房设立一部前台电脑；

（3）前台可以设置为柜式（站立式），也可以设置为桌台式（坐式）。前台两端不宜完全封闭，应有不少于一人出入的宽度或更宽敞的空间，便于前台人员随时为客人提供个性化服务；

（4）站式前台的长度与酒店的类型、规模、客源定位和风格均相关。通常每50~80间客房为一个单元，每个单元的宽度可以控制在1.8 m；

（5）坐式前台应以办理入住手续为主，同时必须另外配置一组站式的独立结算柜台；

（6）通常站立式前台的高度分为客用书写（1.05~1.10 m）、服务书写（0.90 m）和设备摆放3个高度标准，设备摆放高度依据实际尺寸和用途分别设定；

（7）酒店电话总机室可以安排在前台办公室区域，更方便管理；

（8）贵重物品保险室由前厅部人员管理，客人和工作人员分走2个入口，室内分为可视而分隔的两部分，类似银行的柜台。客人入口应尽量隐蔽，安全监控录像要安装到位；

（9）对于有大量团体顾客的酒店来说，应设置单独的团体顾客登记处以及一个单独入口，以避免堵塞主入口，造成大厅秩序混乱；

（10）对于有行政楼层的酒店而言，应该在行政楼层设计接待处和入住处的专用大厅；

（11）总台的形式可多种多样，不一定是一条直线，可以采用分段、弧形或书桌的形式（可供客人坐下办理相关手续），以及组合式（几个接待台并列，独立提供服务）。这要根据不同的情况加以选择。总台的背景也很重要，装饰面、装修手法可多种多样。而不是仅在背景墙上挂几个世界钟，这不仅俗气，而且显得品位较低。房价表、汇率表等都不应出现在墙上，因为酒店不是银行，过浓的商业气氛会极大地降低酒店的品位。越是高级的酒店越要给客人舒适、轻松、友善的环境。

在酒店的大堂接待区，设计师试图营造亲密的、小规模的、类似私人住宅的氛围。大堂空间的每一边都设置了沙漠玫瑰的金属雕塑，矗立于一池碧水之上，这些雕塑暗示了阿布扎比大海与沙漠的属性，为空间带来了暗喻的象征性和现代性。内部大量使用了阿拉伯风格的皮革、瓷砖，巧妙融入了阿拉伯传统的设计图案，呼应阿布扎比的阿拉伯文化。

阿布扎比柏悦酒店

利雅得丽思卡尔顿酒店

利雅得丽思卡尔顿酒店的大堂接待处采用台阶分层设计，与大堂公共空间形成错层，打破了传统大堂与接待区同在一个平面的设计。接待处环境轻松、舒适，无论配色、灯光、图案、饰品都反映了当地的阿拉伯文化。

卓美亚 Messilah 海滩水疗酒店大堂通过不同的材质、造型、颜色之间的互相搭配与协调，运用微妙的照明设计，营造出奢华、大气的氛围，给客人美妙的感官享受。浪漫、梦幻的天花板灯带设计，别具一格的接待台背景墙等，成了引人注目的焦点。

印度普纳Yoo酒店

印度普纳 Yoo 酒店入口大厅设计别具一格，采用非常柔和的柔性装修，让人耳目一新。大面积的白色空间里，茶色的接待台与妖娆的红色吊灯互相搭配，显得分外华丽高雅。两边块状的镜面上有别致的动物图案，地面的铺装与背景墙也很有印度风情。

亚特兰大W酒店

亚特兰大 W 酒店接待大厅，奢华的手工雕刻胡桃木墙和曲木分隔了室内部分，并结合木炭石地板与白色的接待桌，创造了一个大气的环境。大厅中安置了 35 000 片活动的金属箔，并在斜角处打了上微弱的灯光。这个金属箔的灵感来自于树冠，使起居室给人身在茂密丛林中的感觉。

澳门文华东方酒店

澳门文华东方酒店大堂装潢充满葡萄牙传统特色，明快流畅的格调、干练的线条搭配珍贵独特的摆设、色彩鲜艳的地毯和挂画以及华丽精致的灯饰，简约华美的现代风格之中又透露出独特的东方韵味，呈现一派别样的惬意与轻盈。

美国圣地亚哥W酒店

前台是酒店大堂活动的主要焦点，向客人提供咨询、入住登记、离店结算、兑换外币、转达信息、贵重物品保存等服务。美国圣地亚哥W酒店前台为站立式，配备三台电脑，用材简洁、大方，没有多余的装饰，只以一组大型艺术作品作为背景装饰，给人温和的感觉。

奎恩酒店的接待区设计简洁明快，流线型的天花板设计搭配前台的红色背景墙，显得十分活泼与亮丽。此外，设计还通过照明设计突出和强调了不同材质的奢华气质，增加了空间的亲密气氛。

四、礼宾处和大堂副理

礼宾处主要为顾客提供信息和服务，该柜台应易于辨认，并为顾客提供便利服务，其重要性次于大厅，最好能设在可以看到大门、总服务台和客用电梯厅的地方。

礼宾台不必太大，占地面积为 6 ~ 12 m^2，但需要安装电话、电脑（互联网络）和专用照明，300 间客房以上的酒店礼宾台最好有 2 部电话。

大堂副理为重要的 VIP 客人提供服务。配置与礼宾处类似，主要是一套办公室、两个座椅、台灯或落地灯等，占地约为 6 ~ 12 m^2。

马尼拉麦卡蒂香格里拉大酒店

马尼拉麦卡蒂香格里拉大酒店大堂与大堂酒廊结合在一起，以亚洲风格设计为主，层高很高，几根巨大的金色立柱，营造出宏伟壮观的气势，让人印象深刻。天花板采用金光灿烂的穹顶式造型，与美丽的大理石地板相对，透过华丽吊灯的照射，更显富丽堂皇。两边又有着装饰豪华的楼梯，可通向夹层。大堂酒廊氛围静谧雅致，以铺设花纹繁复的地毯与大堂作区分，透过尺寸极大的玻璃墙窗户可饱览酒店葱翠的花园和飞溅的瀑布交织而成的美景。

新加坡香格里拉大酒店

新加坡香格里拉大酒店塔楼翼大堂内的椭圆形大理石柱和宽阔楼梯气势恢宏，进一步突显香格里拉酒店的尊贵及优雅品位。全幅落地壁画描绘的幽静山谷，正源自英国作家詹姆斯·希尔顿的名著《消失的地平线》中的传奇人间乐土，也就是取"天堂"之意的"香格里拉"。

而峡谷翼大堂层高达 10 m，东方装饰格调和意大利大理石地面令大堂颇具视觉冲击力，低调中透着优美雅致、平静中显出富丽堂皇。天花板上装有精美的水晶吊灯，让大堂更显富丽堂皇。每盏水晶吊灯由 15 000 枚水晶片、1 500 根黄铜筋条和 750 个水晶吊坠组成，由人工历时一周时间组装完成。大堂内陈列精挑细选的艺术品，颇具魅力。其中，最值得一提的是由香港著名画家 Lam Chung 专门为酒店绘制的高达 8.6 m 的连绵群山和金色油桐树的风景画，画面平和、宁静，描金绘彩，为本已富丽堂皇的峡谷翼大堂平添了几许东方格调，营造出田园牧歌般的氛围，与詹姆士·希尔顿的名著《消失的地平线》描述的西藏巍巍山脉间的景象有着异曲同工之妙。

五、贵重物品保管室

保管室用于保存客人贵重的小件物品。装修风格与其他公共区域保持一致。一般每10个客房至少提供一个。保险箱室应靠近服务台，且能够直达服务台。通常贵重物品保管室面积按保管箱数量 $\times 0.3\,m^2$ 计算。贵重物品保管室分设两个门，分别用于工作人员和宾客进入。

六、行李存放处

行李存放处是暂时存放顾客行李的安全可靠的地方，最好是独立房间，入口附近应设独立的行李入口和存储室。

奢华酒店一般要求酒店的车道和礼宾台可直接到达行李存放处。

行李间可以按每间客房 $0.06 \sim 0.07\,m^2$ 来设定。500间客房的酒店行李间大约需要 $30 \sim 45\,m^2$ 的面积即可，奢华酒店可根据客户的需求适当提高配置比例。

除了常规行李存放外，还需要考虑迎宾红毯、行李手推车、绳索所需的存储面积。

如果酒店附近有高尔夫球场，还需要考虑高尔夫球包的存放空间。

出于安全考虑可能需要配置 X 光机。

步入澳门星际酒店大堂，目光所及之处布满典雅璀璨的金色。璀璨夺目的大型液晶体吊灯金光四射，自同心圆天花板倾洒而下，与富于现代感的、镶以幻化图纹的双层玻璃外墙交相辉映，在光影交叠间，演绎出犹如宇宙星河的华美之感。置身其中，让人充分体会"身处星际，我散发光芒"的皇者礼遇。

澳门星际酒店

七、休息区

（1）休息区起到疏导、调节大堂人流和点缀大堂情调的作用，通常与主流程分开或部分分开，占用大堂面积的 5% ~ 8%；

（2）休息区是免费使用的，但却可以靠近大堂酒吧或其他商业经营区域，起到引导客人消费的作用；

（3）高质量的家具、灯具、艺术品、陈设品和绿化盆栽相组配，可以使休息功能兼具观赏功能，以赢得客人的好感。

八、商务区

商务区主要提供商务服务，比如传真、打印、订票、网络应用等服务，一般位于大厅，也可能在服务台，或者多功能厅、行政办公室的附近。

台北W饭店

酒店大堂名为客厅，设于第十层。宽敞挑高的空间随处摆满了各式独特的小物件和当代艺术品，不同设计风格的椅子和沙发散落于周围，宛如一个好客主人的家。公共区域延续了 W 品牌一贯的大胆用色，生龙活虎的柠檬黄、鲜橙、大红、艳紫等尽情挥洒在酒店的各个角落，看了令人身心愉快。

巴黎文华东方酒店大堂设计在欧式现代里加入了一些西方人很钟情的东方色彩，天花板流光溢彩，大理石地板熠熠生辉，营造出奢华大气的氛围，宛如一位巴黎贵妇。大堂的主要亮点在于透过正对大门方向的一堵玻璃落地墙，人们可观赏其后大花园美景。该花园上空采天然光，种花植树，面积约 450 m²，既是一种奢侈，又是闹市中的绿洲。

巴黎文华东方酒店

印度尼西亚雅加达凯宾斯基酒店大堂给人清爽亮丽的感觉，采用大量的镜面元素装饰，借助镜子的反射作用拉伸空间，使空间更显宽敞，同时空间内部的明亮度也得到了提高。光亮的镜面倒映出室内的一切装饰，又丰富了墙壁装饰。而紫色波浪纹地毯的引用可谓空间设计的一大亮点，不仅增添了空间的灵动性，还给人带来饱满充盈的感觉，从而提升空间的温度。

印度尼西亚雅加达凯宾斯基酒店

伊斯坦布尔艾迪逊酒店

伊斯坦布尔艾迪逊酒店大堂设计采用丰富的自然色调和纹理，墙壁、天花板和镶嵌了马赛克瓷砖的地板等都体现了土耳其风格，它并没有太多复杂的装饰，简单却有着极致的现代奢华，加上突出各种纹理和色彩对比的照明设计，每一处都呈现出最优的品质和低调的优雅。

伦敦 ME 酒店金字塔形状的酒店大堂和香槟酒吧，设计大胆而富有个性，完全包裹着白色大理石，搭配黑白简约家具，呼应空间的整体风格，也让白色的空间层次更加丰富。挑高的香槟吧设计极具未来感，黑色抛光花岗岩为地板提升整体神秘感，楼高9层的天花板巧妙地引进了自然光线，白色大理石墙面上不时有巨型水母往上浮动、几何图形等幻灯效果，使人仿佛置身深海或未来世界之中。

迈阿密科莫大都会酒店（Metropolitan Miami Beach）电梯大堂设计没有迈阿密司空见惯的华丽浮夸，宽阔的空间以白色、浅灰色等淡雅的配色为主，迈阿密灿烂的阳光在其中肆意起舞，配以具有艺术感的装饰品、家具以及独特的照明设置，更真切地表达了现代豪华精品酒店的实质，微妙又不失奢华。

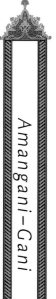

Amangani-Gani

酒店大堂四坡屋顶以及精心设计的雪松木瓦和草皮自然逼真，犹如天然的露头。建材方面，使用俄克拉荷马砂岩和太平洋红木。设计方面则借用了花旗松和雪松的形状与风格。大厅有高耸的红杉天花板，透过宽大的两层窗可以看到令人惊叹的山景。

南非约翰尼斯堡撒克逊酒店

步入南非约翰尼斯堡撒克逊酒店的接待大堂，左右两旁的旋转楼梯和中央的华丽水晶吊灯瞬即映入眼帘，瑰丽堂皇。大堂崇尚天然的装潢，营造出和谐、简约的氛围，富有现代感的传统设计，糅合淡淡的东方新派气息及缀以洋溢着非洲独有的气息和风格的艺术摆设，令人印象难忘。

曼谷瑞吉酒店大堂设计将华丽的艺术、彰显本地文化的材料与充满活力的现代装饰、现代格调完美融合，天然石材地板、精美地毯、精致灯具以及现代风格沙发座椅都是其完美的表现。大堂后壁墙的设计灵感来自于泰国手工编织的花篮，以雕刻实木和背光泰国丝绸为背景，上面点缀着泰国青铜壶的碎片，在灯光的照耀下映射在背后的丝绸上，附加的饰品和艺术品将泰式经典和现代流行完美地结合在一起。

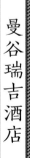

迪拜卓美亚河畔酒店

　　酒店建筑设计新潮现代，其内部结构复制直线形外墙，以暴露的管道包裹住玻璃电梯。阳光从酒店大堂巨型的玻璃幕墙透进来，把酒店照耀得通透明亮。大堂结合当代时尚与艺术，通过摩登的设计与艺术品展示，营造出迪拜不多见的艺术气息。装饰又大胆使用红色，放置了一些由扎哈·哈蒂德 (Zaha Hadid) 设计的棱角形红色牛皮沙发，看起来既轻盈无比，又拥有一种流动感极强的曲线。

九、公共卫生间

公共卫生间的位置必须便于从大厅、餐饮区和会议室进入，应遵循相应的规范与条例，包括关于残疾人设施及婴儿换尿布设施的条款。

（1）设施的装饰和外观，应体现与其他公共场所相同的豪华标准；

（2）公共卫生间位置应最接近餐饮设施，其次为大厅，如各区距离太远或者高度不一，则楼层设计可能需要两个分隔的卫生间；

（3）通往男、女、残疾人卫生间和婴儿换尿布设施的入口应明显区分；

（4）奢华酒店，女士卫生间内，入口旁应设一个化妆间／台，并配有凳子／脚凳和盥洗台、包架、镜子及艺术品；

（5）一般要求到达卫生间的步行距离不要超过40 m；

（6）配备清洁工具储存室；

（7）公共卫生间门不可直对大堂的中央空间，必须隐蔽；

（8）水嘴、小便斗建议用感应式，这样比较卫生；

（9）坐厕应采用全封闭式，相互间的隔断应到顶，以增加私密性；

（10）洗手台镜前的壁灯对于照明及效果的体现亦很重要。

十、商业区

大堂可承担一部分商业销售及经营功能，一方面可以满足客户所需，另一方也可以为酒店增加收入。

（1）大堂的经营内容、分区和各自所需要的面积必须根据酒店的类型、规模和档次定位精确计算并选定；

（2）商业经营区应该与大堂主流程分离，但又要比较容易被客人看到；如能将其安排在客人必经的通道上，不仅可以弱化商业气息，而且可使商店产生良好的效益；

（3）经营区后线的供应流程必须完全与客人视线范围隔绝；

（4）大堂公共卫生间应该邻近餐饮经营区（如大堂酒吧）；

（5）大堂通常经营的商业类型有：餐厅、酒廊、咖啡厅、书报亭、珠宝店、服饰箱包店、饼店、商务中心、邮政快递服务、精品店、洗印照片服务、鲜花店、旅行社及订票服务、礼品店等，有的还设有通向店外商业区、地铁、车站的出口。如果大堂在一层，其侧面还可以设独立沿街开门的店面，用于出租或自营，但其外观总体风格与品牌定位需与酒店档次保持一致。

普吉岛悦榕庄

悦榕庄市场虽是酒店的商业区，但却深深地融入了酒店的精神文化。设计采用自然的材质营造出整洁、舒适的宜人氛围。浓厚的生活气息的注入，使商业气息不至于过分浓重，给人自然、亲切之感。

马尔代夫白马庄园

概念店展现了活跃的氛围，充满惊喜和探索。它是为 Randheli 特别打造的限量版设计，色彩艳丽的调色板以及白色、灰褐色、米灰色和精致的黄色斑点更加突显出雅致、舒适的氛围。

这里可以看到大量出自当地设计师之手的设计作品以及国际各大品牌的商品，如丝绸长袍、百慕达式亚麻织品、颜色多样的泳衣和品牌太阳镜。

顾客们可从 Randheli's Art de Recevoir 购买到巴厘岛的手工工艺品和加雅的陶瓷装饰品留作纪念。

普吉岛蓝珍珠酒店的这个空间设计用大胆而奢华的装修风格，把每一处历史细节和超现实的美感一起展现在眼前，每一处都让人惊艳，每一处都述说着历史与现代交汇的故事。展示的物品都属于历史的一部分，正如酒店，也融进了历史里。

酒店大堂设计的要素

一、灯光

大堂的灯光设计

　　大堂作为酒店中面积最大、人流最多的交流区域，不同的功能区，对灯光照明的要求是不一样的。各个相连的区域的照明应保持一致，采用暖光源，通过亮度对比，形成富有情趣、连续且有起伏的明暗过渡，从整体上营造亲切的迎宾气氛。

　　自然光与室内照明的关系要处理好。照明设计只能模拟日光效果，而不能取代自然光。恰当的自然光的导入，不但能节约电费，还能带来大自然的气息，体现白天与夜间的自然轮回。现在大部分的奢华酒店，都会在大堂选用大面积落地窗，导入自然光，人工照明只是作为补充。还有的酒店会以阳光中庭，或者使用穹顶天窗来导入自然光。

　　调光系统对酒店大堂的照明非常重要。它可以根据自然光线的变化，或者酒店的需求进行调节。不同时间段，光环境的处理是不同的。白天，有自然光的补充，照明灯一般只需开 20% 左右的人工照明；夜间 17：00 至 22：00，往往是大堂利用率最高的时段，可以选择 70% ~ 100% 的人工照明；深夜 22：00 之后，可以关闭大部分照明，并且将整体光环境调暗，保留重点照明区域，如接待区域,主要通道等。调光系统可以降低耗电量，延长光源寿命，并有节约电费等优势。

澳门美高梅酒店

步入澳门美高梅,仿佛走进一个全新的艺术空间,大堂天花的大型玻璃花卉装饰,流光溢彩,更是令人惊艳。名为"Fiori di Paradiso Ceiling"是由世界著名艺术家 Dale Chihuly 特别为澳门美高梅金殿精心呈献的,完全由人工打造,独一无二,亦是全亚洲首件大型 Chihuly 玻璃艺术品。天花板下的塑像则是达利大师的芭蕾女伶,整体风格颇有雀跃的活力感。而酒店接待处就以色彩斑斓的"Fiori di Paradiso Drawing Wall"为巨型背景,52 块鲜艳夺目的玻璃画幕墙通通出自他的手笔,与天花板遥相呼应,各具情致。

酒店贵宾入口大厅覆盖有大理石,室内上方赋予美感的天花是以金箔进行装饰的手工作品,流露出新巴洛克主义的华丽感。以多面镜子反射装饰的拱顶走廊具有当代的色彩设计,同时也增加了繁复华丽的氛围。

大堂约 9.14 m 的环形釉质天花照耀着大理石地板。墙面则以玻璃纤维、亚克力板作为装饰。大堂的大理石通道，依次交互的琴键，是对布达佩斯音乐传统的继承。自一楼处直上的楼梯是对布达佩斯"新艺术风格"的回忆。以偏概全的结构、孔状的金属扶手都显示出楼梯不同寻常的属性。

大堂设计独特，开放通透的布局不仅让空间拥有良好的采光，更有助于营造开阔的视野，使空间看起来更为宽敞。一根根白色立柱支撑起特别的圆顶天花板，给人以高耸的感觉，也让空间显得非常有序列感。

大溪地四季酒店大堂采用原生态的材料搭建起来，木质的檐梁、支柱撑起高大的屋顶，搭配波利尼西亚风格的家具以及装饰品，真实地把原著居民那种简朴而自然的风情演绎得淋漓尽致，梦幻般的浪漫色彩，极具吸引力。

大堂空间是一个接地气的、风格简单的设计作品，使用适合的材质、纹理和造型，如裸露的红砖、定制的编织家具等，创造出一个真正意义上的当代度假酒店大堂。大堂主要以中性的棕色和红砖色为主色调，配合当代艺术作品、熟练的工艺，为空间营造出一种平静的禅宗氛围。

维也纳萨赫酒店

维也纳萨赫酒店的大堂并不大，低调的红色花瓶在纹路分明的白色大理石面前显得尤为突出，一下子就引起人们的注意。描金涂漆的墙壁经过精心雕刻，精致、典雅，装饰以精心挑选的具有博物馆收藏价值的绘画作品、高贵的吊灯以及雕塑等，在新旧之间创造一段极富魅力的连接，处处体现出传统欧洲文化中心 old money 的格调。

巴尔舒格凯宾斯基酒店

巴尔舒格凯宾斯基酒店大堂装饰迷人，以经典和现代相结合，并注重细节，配以迷人的装潢，营造出典雅奢华的空间氛围。设计处处融入了复杂的花纹，从地板、墙面、中庭二楼围栏，乃至吊灯，皆可窥见。充满魅惑的紫色吊灯从上方垂悬而下，犹如拖曳着火焰的花朵，绽放出耀眼的光芒，瞬间点燃了整个空间，极具艺术感。

西班牙玛利亚克里斯蒂娜酒店

西班牙玛利亚克里斯蒂娜酒店大堂设计质朴、简洁、温馨，家具和装饰材料运用大量木材等暖质感材料。材料常常就地取材，色彩多以米色、白色等明亮的颜色为主，非常贴合环境，自然淳朴。

1. 入口区域照明设计

大堂入口包括进门和前厅，是进入酒店的过渡空间，需要给客人设置明确显示入口位置的指引。这里除了要创造舒适的视觉环境，还要对其友好气氛进行强调。考虑到需要过渡室内外的光环境，一般而言，室外雨篷处的光源选用色温 3 000 ～ 4 000 K 节能灯，这样室内外光的色温差别不大，使人进入大堂时光感比较舒适。而且色温较高，可以扩大视觉空间感，提高入口处的气质。给过往的人群，留下较深的印象。此处可以采用节能筒灯给予基本的功能照明，还可以用间接照明的手法，将灯管暗藏在天花顶凹槽结构内，通过照亮天花的结构，丰富该区域的空间层次感，给顾客留下美好的第一印象。进门后的室内部分，则可以将色温降低至 2 800 ～ 3 000 K，这样可以使室内光环境，较为亲近、舒适，增加安全感。

上海卓美亚喜马拉雅酒店

上海卓美亚喜马拉雅酒店的整体外观有些像中国的双喜字，中空的墙上那些形似汉字而非汉字的古怪符号被称为"天书"。设计师表示，墙上天书一样的文字表示世界文化可以相通。通过幽暗的迷光的映射，泛起紫色的浪漫与唯美。

纽约W酒店

入口区域作为大堂区域的一个重要组成部分，其照明设计在设计过程中同样需要得到重视。它不仅有着实际的照明功能，同时也是装饰、营造空间氛围的重要元素，满足艺术上的装饰要求，展示酒店设计的品位。纽约 W 酒店的入口门厅设计是个性化的灯光、线条与色彩交错碰撞，层层演进的杰作，给人以美妙、奢华的感觉。

位于雅加达中心的雅加达凯宾斯基酒店入口具有极强的历史感，温暖的色调与建筑的饰面和大批的艺术收藏品相映成趣。灯光的运用在这里成了不可替代的重要符号，温暖柔和的色调，且光源有所不同，避免单调的均匀照明，营造出丰富的光照效果。

麦格纳别墅酒店在花费达五千万欧元的豪装改造下，经建筑师 Thomas Urquijo 的操刀，在经典奢华的气派中混入了现代时尚的风格。简洁洗练的入口设置了美丽的喷泉与花饰，宽敞的车道以及温馨的灯饰，无疑增添了些许尊贵气息。

2. 大堂主厅照明设计

　　主厅是酒店提供给客人等候、交流的场所，也是体现酒店档次，吸引宾客入住的重要场所，在空间上更注重强烈的装饰性。星级酒店主厅可考虑自然采光的应用，同时在采用人工照明时需注意与整体装饰环境协调一致。为了使顾客在交流中能清晰看到对方的表情及细节，可结合重点照明，配合暗藏灯、壁灯强调星级酒店的装饰品质。大堂主厅的照明可以根据空间高低与造型的不同，采用不同的配灯方案以丰富空间层次。顶部的装饰部分可以采用暗藏灯带的手法，丰富空间的造型层次。也可以用悬挂水晶灯或造型灯的方式，营造高雅脱俗、雍容华美的气质。

卓美亚皇家棕榈岛酒店

酒店大堂里的巨型枝形吊灯，根据传统奥斯曼式样设计而成，由伊斯兰新月的元素组成，具有强烈的装饰性，与大堂入口处采用伊斯兰之星设计的独特喷泉相得益彰。

乌干沙悦榕庄

乌干沙悦榕庄大堂设计汲取当地文化元素，运用现代设计手法最大限度地体现传统文化和地域风情，既古典又现代。开阔的空间自然光线充足，室内外相互映衬，顶部一盏华丽的水晶吊灯悬垂而下，共同营造出奇趣、古雅的空间气质。

迪瓦果阿阿丽拉酒店

迪瓦果阿阿丽拉酒店接待大堂设计融入了现代果阿建筑的精华以及丰富的果阿文化传统，高耸的斜屋顶、开敞式的墙壁搭配色彩柔和的柚木以及夜晚黄铜灯散发出的柔和灯光，营造出独特的艺术氛围。简约的家具和利落的线条装饰，反映出果阿的民族精神。

3. 总服务台区域照明设计

　　总服务台区的照明在整个大堂中要求相对明亮，达到醒目的效果，照度水平要高于其他区域。一般而言，总服务台接待区的色温应同室内入口处相同，这样不但与入口相呼应，还能结合接待人员热情的服务，给客人留下美好印象。为了避免眩光，服务台的照明方式采用隐藏式、显色性高的光源，便于客人和接待员的沟通交流，以及准确、快捷地办理手续。同时，考虑到接待区是同结算中心连接在一起的，出于功能性考虑，对照度的要求较高。接待台上方的照明方式常采用隐藏式。显色性高、暖色，向下照明的方式，能够确保客人能看清所签的单据。并且柔化下射光照明的效果，能够保证前台空间的温馨和舒适。另外前台的照明应避免眩光射入员工和客人的眼中，同时也要避免光线投射到电脑屏上。星级酒店接待区域一般较大，其装修风格特点要与总体设计相匹配，一般使用暗槽灯与台灯作为局部照明，壁灯作为装饰照明，而且灯具的款式、颜色要与装饰环境相符。

新加坡富丽敦海湾酒店

　　新加坡富丽敦海湾酒店的大堂由设计界青年才俊傅厚民先生打造，阔度达 17 m，室内设计华丽精致，深刻展现新加坡丰富斑驳的历史色彩。简约色系的接待区，天花板上悬挂的巨大装饰艺术吊灯，为宾客接下来的体验定下了基调。傅厚民更特意摆放古代航海地图及各式量身打造的当代艺术品作为点缀，进一步反映出狮城荟萃古今的美态。

三亚文华东方酒店前台为站立式，选用棕色调的热带木材与灰色石材打造，营造出东方古朴风雅的韵味。接待台采用隐藏式的照明方式，背景墙以沉稳的底色为背景，36个仿若桃子的金色装饰品整齐有序地排列着，给人以独特的视觉享受。

北京华尔道夫酒店

北京华尔道夫酒店前台区域类似一个单独的房间，面积不大，私密性强，设计简洁现代，又有着精巧雅致的中国风韵，传达出沉稳的气息。温暖的灯光，以柔和的橙红为底色的手绘花鸟墙面，让这处空间充满温馨之感。

4. 休息区域照明设计

休息区常会融入一些特有的元素，如人文元素、主题元素、装饰元素等。照明应用不仅要考虑功能性，也要兼顾艺术性，亮度适中。星级酒店休息区灯光要有层次感，同时注意与周围环境相符，注重装饰风格与灯光的完美融合。常用方案是采用节能筒灯作为基础照明，配备暖黄光（3 000 K）、显色性高（Ra>90）的光源；天花灯作为辅助照明，暗槽灯作为情景照明，突出顶部空间层次；落地灯作为装饰照明，体现酒店品位。为体现休息功能，注意眩光的控制，最好选用光源隐藏式灯具。桌面上台灯的选择，一定要与周围的装饰环境相匹配，同时要结合诸多因素一起考虑，如：地毯、沙发、桌台，甚至墙壁、台阶等。

瑞吉巴尔海港度假村

　　亚特兰蒂斯湾酒店坐落于岛屿最美丽的泳滩——海滩与天堂湾，自然的活力带给人们无尽的向往，由知名室内建筑师 Jeffrey Beers 和 David Rockwell 倾力打造。殿堂非常宏大，仿佛是神祇的居住地。沉稳的木材与昏黄的灯光融合运用，使得空间似乎要重现亚特兰蒂斯的古老文明，神秘而气宇轩昂。

科瓦兰海滩里拉凯宾斯基酒店

印度科瓦兰海滩里拉凯宾斯基酒店大堂采用当地独特设计，结合温暖色调，给人舒适亲密之感。设计融合印第安人的传统风韵与现代元素，营造出淡泊、超凡的氛围。

广州圣丰索菲特大酒店

广州圣丰索菲特大酒店大堂最瞩目的是由旅法画家陈本创作的巨型画作《渔歌》，五彩斑斓的锦鲤在法国香颂的引领下在空中翩翩起舞，水晶吊灯的设计来自法国传统鸢尾和广州市花木棉的融合，加上有着中国红外衣的法式艺术品以及点灯仪式的中国大红灯笼，两种艺术的结合犹如神来之笔，让人眼前一亮，又觉得理所当然。身处其中，让人不自觉地被这些细节吸引，想进一步探寻它们背后的故事。因为这里的气质，让每个细节都犹如一件奢华而富有内涵的艺术品，让人欲罢不能。

加拿大费尔蒙劳里尔古堡酒店

加拿大费尔蒙劳里尔古堡酒店大堂的石匠建筑唤起人们对法国城堡的美好回忆，通过对蒂芙尼玻璃窗、黄铜的楼梯扶手、橡木镶板、大理石地板、高高的天花板、绘画、古董与羊毛地毯地巧妙运用，展现出自信、尊荣、优雅的帝王之美。

Dusit D2 Baraquda Pattaya 酒店

走进 Dusit D2 Baraquda Pattaya 酒店大堂，整个空间的外形主要由弧线勾勒出来，室内设计极富动感。带波浪形的墙面分别饰上镜子、玻璃纤维，部分墙面更被髹上了深蓝色的漆，在细长的木地板上摆放质感柔软的白色沙发，氛围舒适惬意。在暗藏灯、射灯以及胶板假天花内嵌设的渗光照明衬托下，加上旁边一组吸引人们彼此沟通交流的弧形吧台，间接点染出暖和、热闹的氛围。

阿班尼雪邦金海岸度假村

马来西亚阿班尼雪邦金海岸度假村大堂休息区灯光设计不仅具有实用功能，同时又注意与周围的装饰环境相匹配，注重装饰风格与灯光的完美融合，具有一定的艺术性。休息区不同的区域有着不同的灯光配置，营造出强烈的层次感。如座位区与服务台考虑到桌椅与墙壁等因素，采用不同造型的吊灯作为辅助照明，而艺术品摆设区则采用暗槽灯，营造出安静的艺术氛围。

5. 通道区域与电梯等待区域照明设计

　　酒店中各个空间的连接一般由通道、楼梯和等候区几个重要的部分构成，不仅仅是在大堂中，对客房区、餐厅区、会议区一样适用。通道或电梯厅常常采用功能性与装饰性相结合的照明方式，可以选择宽光灯对整体环境照明，结合窄光灯或天花灯对电梯口进行重点照明，比如选用 4 300 K（暖白光）的光源，照亮的光照环境具有指示作用。可以给客人带来安全感，星级酒店为了突出格调与品位，同时保证与其他空间的整体性，还会采用增加壁灯、天花暗槽等装饰性照明方式。

　　通道照明主要以引导性和安全性为主，适当的照度和色温不仅使客人获得安全感，同时也营造出温馨亲切的氛围；采用节能筒灯作为基础照明，体现指引和安全性的要求；为了使通道空间生动，通常会在墙面安装装饰画或摆放工艺品；采用天花灯作为重点照明，起着强调视线的作用。星级酒店常常在通道两侧增加装饰壁灯，同时壁灯也起着引导作用。天花顶棚藏暗槽灯，增加通道的亮度和空间感。

　　另外，通道指示牌要求明亮突出，并且放在区域中较为明显的位置。明确的指引可以应对特殊情况下的逃生需求，保障住客的安全。

伦敦莱斯特广场W酒店

　　伦敦莱斯特广场 W 酒店的入口和迎宾区以迪斯科球的设计元素为主题，凸显莱斯特广场的地标特征。人们从 280+350 个迪斯科球组成的"云"下进入酒店。迪斯科球指引人们大堂的动线，它贯穿前台、礼宾部、W 商店，通向大堂吧休息区。前台分为三个圆形舱的吧台，分别负责入住登记和咨询等。每个吧台由同样的模块组成，不同的堆放组合方式带来的效果不同。前台旁边的零售区域是活动墙体，人们走近它时才会翻转出来。黑色玻璃幕墙和迪斯科球的光影效果，令酒店无限闪耀。步入酒店就像步入一个新的世界，揭示着旅行的真正涵义——不是在路上奔跑，而是探索你周围的世界。

新加坡莱佛士酒店

　　新加坡莱佛士酒店大堂设计反映出殖民时代的建筑特色与风情，足有三层楼高。充沛的阳光从玻璃屋顶渗透进来，使大堂明亮至极。设计同时采用众多美丽的吊灯和壁灯，使得空间多了几分浪漫的情调。老式的前台、白色大理石地板上的落地大摆钟、柚木楼梯，无一不显露出古老而迷人的魅力。酒店优雅高贵，完美地再现了1886年时的富丽堂皇，并加入了现代风格与配饰。

伊斯坦布尔香格里拉酒店

　　伊斯坦布尔香格里拉酒店设计灵感取材于辉煌的多玛巴切皇宫，巧妙结合欧亚及土耳其特色风情，大理石和水晶灯交相辉映。气派的回转楼梯贯穿三层高的中庭，从大堂直通宴会厅和其他场所。中庭的穹顶能够收纳自然天光，两层高的巨型雨滴状波西米亚水晶吊灯倾泻而下，一幅专为酒店绘制的18 m长丝绸画作《桃花园》悬挂其间。酒店内收藏超过1 000件亚欧艺术品，其中一件佳作就是大堂礼宾台背后以中国南方漆雕手法绘制的博斯普鲁斯海峡美景。

6. 星级酒店灯具的选择

（1）时间性、耐用性

一般星级酒店，大约五年做一次小型的翻新维修，约十年做一次大型的翻新维修。换句话说，灯具的寿命最少要有十年或以上，才能满足星级酒店的要求。

一般的小型维修是不会更换灯具的，因为所牵涉的人力资源范围太大了。这意味着在灯具选型上，灯具最受热及受压的地方，包括反光杯罩、散热组件及固定（定位）组件，质量是非常重要的。

（2）灵活性

一般星级酒店采用的光源，以前寿命大约在 2 000～4 000 小时。因此 10 年间灯具将要求更换不少次数的光源。星级酒店灯具数量均过万计，故更换光源牵涉的人力资源是很庞大的，所以灯具的灵活性是另一个考虑重点。而最理想的灯具选型是在不需要牵动灯具固定（定位）组件的情况下，就能将光源装卸。这除了能节省更换时间外，还能对室内装饰做出很正面的保护。

（3）细节造型

这包括了灯具本身的各个方面。拿一般的天花筒灯作例子，它的托杯（trim）的喷涂质素（如是金属的话，表层质素如何），反光杯的光滑程度（如是磨砂反光杯，喷沙的均匀度如何），当灯具安装在天花后，与天花板（石膏板／木饰面）的接合紧密度（是否漏光）等细节，都需注意到。还有需要重视的是：除硬件外

（灯具），安装工人（工艺）亦至关重要，装修方面要确保灯具以正确的安装方法安装。

（4）投光指数

灯具的 *Cutoff Angle*，眩光影响，光源如何收藏，灯具投射向度的弹性，配件的可扩充程度等，都影响灯具的造型。尤其在配件的可扩充性方面，要考虑得非常周详，因为控制投光指数上的"投光角度""色彩／色调校正""眩光防止""准确投射／照明"等绝大部分都是靠这些配件来营造整体气氛。

（5）绿色环保节能健康的诉求

从酒店灯光设计的环保考量来看，将来无论是国内或国外的酒店灯光设计,肯定都离不开"环保"这一大前提。市场需求上的"环保"，可以解释为器材上的环保，就是如何平衡造成污染的各个因素。这亦是照明设计师的一个重要责任。其中包括：

①耗电量：造成二氧化碳的产生，增加温室气体排放；

②光源寿命／灯具寿命：能够为项目服务的时间；

③弃置污染：钨丝或卤素光源，虽然其寿命相对较短，但本身所含的物质对环境污染的程度较低。相反，如节能管，寿命相对于卤素等较长，但在废弃时，对环境污染的程度较高。大概现时如不考虑投资成本的话，*LED* 将会是较为环保的光源选择；

④光源热量：因光源／灯光所产生的热量而增加空调的负荷；

⑤光污染：除了避免过度照明外，还应从设计概念出发，配合灯具的特殊配件，尽量控制光线的投射，将不需要的光线收藏于灯具内。

二、电梯

电梯厅的设计与整个项目风格相匹配。应尽量设置在大门到总服务台延伸线的区域内，可减少宾客往返的时间。

为了节约客户的时间，给客户更好的体验，关于电梯的运行，各家酒店都有制定相应的标准。某超五星酒店集团对客房层电梯的要求为：

（1）客人在电梯需求高峰等待的平均时间低于 40 秒，客人从进入电梯到目标层之间运行时间低于 70 秒；

（2）一部电梯负载一般为 1 600 kg；

（3）电梯门宽度为 107 cm，沿中线开启；电梯门高度最小为 228.5 cm；

（4）最小天花板高度为 259 cm，最小轿厢高度为 290 cm；

（5）轿厢配置含但不限于：照明含常设照明与紧急电源；排气扇噪音不超过 NC.30；隐蔽式摄像头；

（6）电梯运行速度取决于第一条标准，不得低于：

酒店／度假村楼层数不超过 10 层：2 mps

酒店／度假村楼层数介于 10 ～ 30 层：2.5 mps

酒店的楼层数超过 30 层：最大速度为 15 mps

该超五星酒店集团对功能层电梯，如宴会厅、会议厅配置电梯的要求，负载一般为 1 800 kg；最小天花板高度 290 cm；

该超五星酒店集团对服务电梯要求，配置标准与客房层略有不同，比如：

（1）服务电梯功能层

①对于前后开启的电梯，为每个电梯门配置一个轿厢操作面板；

②负载一般为 1 800 kg；电梯运行速度是 0.9 mps。

（2）服务电梯客房层

①数量约为载人电梯总量的 75%，面积不小于载人电梯的 2 倍；

②电梯门高度最小 244 cm；

③天花板高度是 365.8 cm，轿厢高度一般为 292 cm，可装运长度较长的货物。

该超五星酒店集团对泊车电梯要求，除非另行规定，与客房层类似，运行速度是 0.9 mps。

另一家五星酒店集团对客用电梯的要求为：平台面积 2.10 m（宽）×1.85 m（深），天花板高度至少 260 cm；

另一家五星酒店集团对升降平台的要求为：宽度至少为 2.5 m（如当地法规要求更高，则需符合当地法规）。

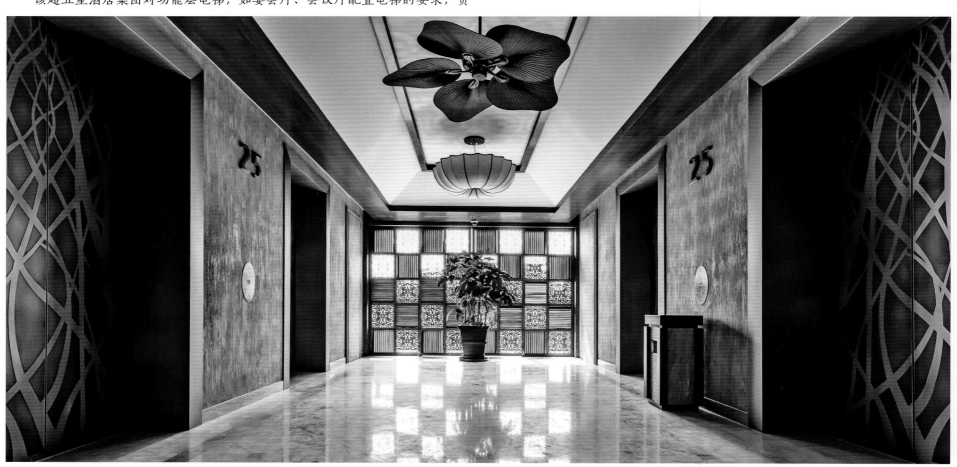

三、温度、湿度、新风调节

　　舒适的温度，适宜的湿度，新鲜的空气，虽然看不见摸不着，客人却能感受到，这也是衡量酒店舒适程度的重要指标。

　　如果大堂采用开放式或半开放式设计，则设计师需要重点考虑周边环境特质，气候条件、日照、角度、气流等，精确计算出最合适的朝向与布局，空调作为辅助手段使用。而对于相对闭合的空间，则需要通过先进的空调技术来进行调节。

　　目前市场常用的中央空间系统有以下几种：

　　（1）水冷冷水机组＋风机盘管＋新风机组

　　（2）风冷冷水机组＋风机盘管＋新风机组

　　（3）数码变容量（变频）冷媒室外主机＋室内空调机组＋新风机组

　　（4）水源热泵空调机组＋水源热新风机组

　　各个系统的优缺点不同，酒店可根据自身的定位，需要的末端冷量，选择不同的组合方式。选择过程中还要结合不同主机的技术特点、能效比、寿命、调节方式、噪音，以及维修保养、耗电量、采购成本、安装成本等要素进行通盘考虑。

四、装饰

　　大堂是酒店的形象中心，如何使其像磁铁一样具有强烈的吸引力，这需要设计师创造性的发挥。五星级酒店大堂设计没有一个既定的准则，在人们需求日益多样化、个性化的今天，再好的东西也会过时。新的风格不断出现并被人们所接受，才使得五星级酒店大堂设计多姿多彩。五星级酒店大堂设计以境界为上，有境界就自成高格。五星级酒店大堂设计不能单纯局限于艺术装饰，创造丰富的空间造型，讲究科学，追求平和随意、率真自由的境界，才是五星级酒店大堂设计的主旨。

　　（1）五星级酒店大堂设计要有一个明确的统一的主题。统一可以构成一切美的形式和本质。用统一来规划设计，使构思变得既无价又有内涵，这是每个设计师都应该追求的设计境界。

　　（2）装饰讲流行但更讲个性。具体的环境不同，文化背景、品位追求与风俗习惯不同，就可能产生不同的效果。所以五星级酒店大堂设计需要不断创新，通过功能的装修，美学的装饰，以赋予每个空间新的形象。

　　装修和装饰也不分谁轻谁重，两者互为因果。只有在功能合理的装修前提下，装饰的内涵与境界才能最佳地体现出来。五星级酒店大堂设计应使两者相得益彰，通过材料的质感、颜色的搭配、饰物的布置，使装修与装饰产生超值的效果。

　　（3）酒店大堂的设计要有文化性，特别是在设计中注入当地文化特质。曾几何时，中国大陆酒店大堂流行欧式风格的设计，其适应了人们当时对时尚的追求和对高品质生活的向往，后来泛滥成灾，就会显得千篇一律，毫无个性；加上这些外来的风格与本地文化毫无关联，令人置身其中但不知身在何处，久而久之就被人们忽视，遭到大多数人的怀疑和拒绝。因此，设计师一定要把握住时代的脉搏和民族的个性。

　　这些创意性的设计，充分显示出崭新的风格。在设计意识上应体现出社会的进步和民族的使命感。

德国波恩卡梅大酒店

德国波恩卡梅大酒店室内设计由 Marcel Wanders 负责，他打破了传统商务酒店的严肃与呆板，把生动活泼的氛围融入到豪华大酒店的奢华风格里。为了将宽敞的大厅空间划分为较小的区域而不影响空气流通，Marcel Wanders 利用天花板的灯光和平滑的材料，创造出数个可随时变动的"岛屿会议区"(meeting islands)，每个圆形小区域都可容纳 11 人左右，并且对应一个从天花垂降的钟型大吊灯，而一旁则又有着直通天花的装饰立柱。这些具有规模的夸张艺术无疑都增加了空间的趣味性。

（4）酒店设计也要充满激情、想象力和创造力。五星级酒店大堂设计是一种认知过程，设计的感染力与设计师的情感有着紧密的关系，设计师强烈的创作欲望必将极大地调动起自己的生活和文化素质及积淀。空间的大小、色彩的协调与对比、线条的流畅、材料的选择与变化，都蕴含和表达着设计师的情感和创造力，很容易被人感知并产生共鸣，带来生理、心理的愉悦。设计师的创作欲望愈强烈，情感愈充沛，则其灵感就愈丰富。创新意识所渲染和形成的氛围在五星级酒店大堂设计过程中是不可缺少的因素。五星级酒店大堂设计整体的多元化和部分个性化的发展，使人们对设计形态、设计情感产生了更高的要求，促使更新的题材和形式出现；五星级酒店大堂设计中反映出的轻松、简洁、独特、浪漫、新奇的趣味性和深沉、朴实得体及创世纪性的超前意识，体现出别具一格、想象丰富的态势，是一种时尚和个性化在五星级酒店大堂设计发展变化中的体现。

台北W饭店

挂着以模具或厨具组成的艺术品的墙面，充满了艺术的张力，给人既优雅又前卫的感受。

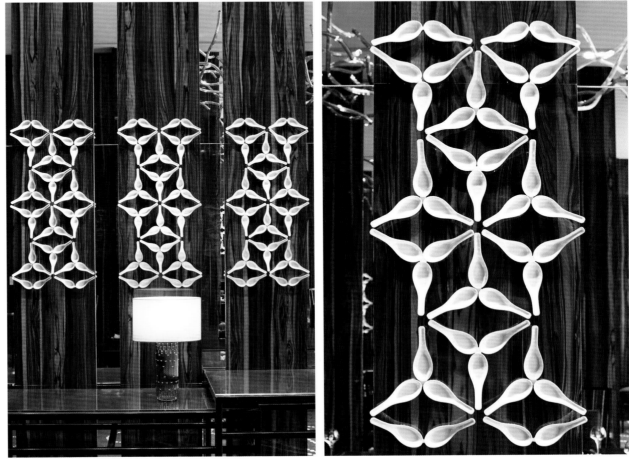

装饰性雕塑、陶瓷摆件、挂画、壁饰、花器等艺术品陈设不仅是酒店装饰陈设中的重要组成部分，更是酒店投资规模、档次高低、文化品位的直接体现，在室内装饰整体效果中起着指向性的视觉效应。酒店利用艺术品装饰的理念设计装潢公共空间，无疑有利于迅速凸显其鲜明的时代感和提升独特的文化内涵与品质，使其大放异彩。

采用独特的表现手法，将空间、灯光、工艺品等紧密结合，通过光影、反射和色彩变化，创造出既有稳健气势又华丽高雅的空间氛围。设计从感官和非感官角度全方位地将享受的理念发挥得淋漓尽致，奢华、唯美，甚至营造了梦境一般的感觉，让身处其中的人每个细胞都舒服和活跃起来，享受美的盛宴。

意大利米兰威斯汀宫酒店

意大利米兰威斯汀宫酒店大堂采用意大利古典装饰风格，营造出大气奢华的空间氛围。大堂内复古气息浓重，保留了原汁原味的拱形天花板和圆柱，繁复的装饰雕花，精美细致，轻盈美观，搭配穆拉诺玻璃装饰、珍贵璀璨的吊灯，达到了雍容华贵的装饰效果。

伦敦多切斯特酒店

The Gold Room，其穹顶有着 Ford 绘制的精巧花朵和叶片。在 1989 年和 1990 年的重修工程中，高更的曾孙女 Mette 曾用湿壁画法煞费苦心地将其修复一新。

五、景观

　　"趋于自然"是现代酒店设计的一大方向，不但度假酒店重视绿化环境的营造，城市商务酒店也在加强这方面的配置。充分利用酒店周边的景观条件为客人营造舒心的环境，没有景观也要造景，令外部的自然风光与室内空间相互渗透。

　　同时在室内增加绿色植物、花草的摆设等等，甚至在室内引入涌泉、流水、瀑布，使用木、石、麻、藤、棉等天然材质，构建园林景观小品，创造出室内生机勃勃、亲和自然的氛围。

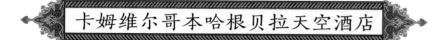

卡姆维尔哥本哈根贝拉天空酒店

　　卡姆维尔哥本哈根贝拉天空酒店大厅设计遵循众所周知的斯堪的纳维亚设计传统，使用反映酒店特色的现代材料进行简单修饰，反映出城市脉动能量。进入大厅，入口处配有特别设计的照明装置和织物配饰的家具，独特地映射出建筑的外墙结构。大厅内设有隔间，结合酒店的自然美景，营造出柔和亲密的氛围，抛脱城市喧嚣。例如，休息室和餐厅内设有植物墙，大厅壁炉周围有芦苇环抱，接待处后方的墙面上有柴堆模样的装饰。经典的固定式餐桌被替换为确保个性化服务的移动元素。

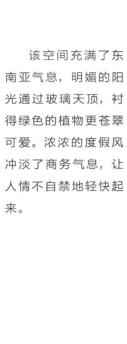

曼谷香格里拉酒店

该空间充满了东南亚气息，明媚的阳光通过玻璃天顶，衬得绿色的植物更苍翠可爱。浓浓的度假风冲淡了商务气息，让人情不自禁地轻快起来。

六、材质

不同的材料有不同的功用和质感。解决实际运用功能后，其组合成的质感对客人的感观有很直接的影响。质感是指材料表面组织构造所形成的视觉和触觉感受，以形容实体表面的相对粗糙或平滑程度，亦可形容实体表面的特殊品质，如大堂石材的粗糙面、木材的纹理等。不同的质感，给人以不同的触觉和视觉，如光洁的花岗岩表面，常令人感到生硬而无人情味；金属材料常令人感到有现代感、坚固而不笨重；木材则是温暖舒适的。所有材料在一定程度上都具有一种质感，而材料的肌理愈细，则其表面所呈现的效果就愈光洁平滑。甚至很粗的质地，从远处看去，也会呈现相对平整的效果。因此，大堂设计选用材料时，有些位置不必非选用高档、豪华的材料不可；相反，一些适宜而又普通的材料反而显得恰如其分、相得益彰，并将局部的高档材料衬托出来。在设计时，除考虑材料本身的特性外，亦要考虑组合效果，以及施工等实际问题，做到统筹兼顾。

不同功能区，对材质选择的要求是不一样的，某五星级酒店集团的材料指标如下：

（1）大厅以及会前接待处

①地板：

底衬（850 g/m²），不易燃；

大型地毯（80/20，最小重量1 850 g/m²），可拉伸，不易燃；

底部大理石、天然石料、花岗岩或瓷砖。

②墙面和天花板：

按照声学顾问建议处理声音；

按室内建筑师建议进行抛光。

③装饰织物：

所有材料必须防火，同时符合国际及当地认可的防火规定。

（2）公共卫生间

①地板：

装饰性材料，如大理石、花岗岩或特殊瓷砖。

②墙面：

装饰性材料，如大理石、花岗岩、特殊瓷砖或敷着石膏的抗真菌漆。

③天花板：

敷着石膏的抗真菌漆。

④台面：

盥洗台为大理石、花岗岩或重型材料制成，最低0.60 m（高），工作台面有向上高起的不低于0.10 m（高）的与台面同一材料的沿。从盥洗台到帷幔内面有一个9 mm的抛光镜玻璃，与脸盆宽度相同；

装有电子冲厕系统的小便池；

在材质的选择上还有一个重要的指标是环保，真正做到把客户放到第一位的酒店才是值得尊重和信任的。

格兰德温泉度假酒店大堂虽小且低矮，但由于材料的巧妙运用，使其反而更显开扬通透。大理石铺就的地面，华丽却不张扬。最独特的要数天花板的设计，独特的材料不显浮华，散发着自然的气息。天花的造型，蜿蜒而曲折，柔软而硬朗，似无序而协调，在突显整个空间品质感的同时，保持了舒适感和原生态，让人眼前一亮。

对于酒店公共区域，在设计时要有吸引眼球的元素，如大型的大堂、带水系景观、特殊照明效果、地方特色的雕塑工艺品以及大型豪华的（建筑）楼梯等。蓬塔米达圣瑞吉斯度假酒店利用维乔人民精妙绝伦的艺术作品及绿色景观装点大堂，使其成为朴素而独具地方特色的空间。

层高9m的宽大空间，大开拱形落地窗，引室外风姿秀美的山川和潺潺的溪流于室内。室内设计极致高雅精致，精巧回旋的扶手楼梯，搭配上青灰墙面所雕琢的人物壁画，将欧式风韵的尊贵和优雅烘托而出。

安纳塔拉度假俱乐部大堂设计融合泰国独有的异国情调和一系列现代元素。高耸的木屋面与经久耐用的现代建筑结构巧妙结合，室内外的无缝衔接创造出一种开放通透的氛围，既舒适实用，又独具文化特色。加上泰国布艺织物与艺术品的点缀，更让空间呈现出原汁原味的泰式风情。

七、色彩

色彩，来源于光，没有光，色彩不复存在。色彩有三类属性：

（1）色相，色彩的固有属性，有助于辨认出某种颜色，如红色、绿色、黄色等；

（2）明度，色彩的明暗程度，黑和白是明度的两个端点；

（3）纯度，色彩的纯净程度或饱和程度。

所有色彩的属性都是相互关联的。而且，实体色彩的明显变化，除光照效果外，还由于环境色和背景色的并列效果而产生。这就需要在设计时考虑色彩与光照的相互关系。同时，色彩运用得恰当与否还取决于是否适合色彩方案中的配色，即调和的和对比的两大类。因此，在大堂空间制定色彩方案时，应认真考虑将要设定的色彩、基调及色块的分布，不仅要满足空间的应用，还应顾及大堂的风格与个性。

推门而入,视线即被泰国华欣阿玛瑞度假酒店蓝白主色调的大堂所吸引,左右各架有一排书柜,放有雀笼、象棋、书籍等,书柜一直延伸至后方的 Coral Lounge。Coral Lounge 是为响应酒店"联系彼此"的主题,鼓励朋友、同事或家人温馨共处而打造的适合分享和共处的空间。酒店大堂里未设富丽璀璨的大吊灯,反以红色仿珊瑚装饰作替代。又在细节处装饰了许多精致摆件,如与马有关的装饰,不仅彰显品位,也打破了华欣阿玛瑞集团一贯喜用泰式开扬大堂的沉闷布局。

八、导视

酒店大堂是宾客穿行、分流的主要空间，因此在空间处理上要考虑视觉的导向作用，通过具有导向性的标识、形体和线条、连续的图案或色彩等装饰设计手段来科学合理地组织空间的时序关系，使空间动向流线清晰明确，具有连续、渐变、转折、引申等导向功能；避免空间时序杂乱，方便宾客的正常活动。

酒店的导视系统一般交由专门设计公司设计，分为内部和外部两个部分，外部根据环境及功能区的不同度身定制，内部的导视系统包含如下项目：

（1）客房层与公共场所（例如门牌号、指示标志、多功能厅名称，接待处、餐厅、卫生间出口等指示标志）；

（2）后场（例如办公室、工作间、方向标志等）；

（3）与安全和安保相关的所有标志；

（4）外部标志，例如通向娱乐设施的标志。

导视系统要求清晰、明确、易于寻找、容易辨识、整体风格统一。常见的标牌分大堂指示牌（如收银）、楼层指示牌、门号牌、功能指示牌、时钟指示牌、告示牌、房价牌、外币兑换牌等。做菜讲究色、香、味、形，酒店标牌也讲究形、色、质、味。

（1）"形"体要服从酒店定位。什么类型、什么风格、什么主题、什么建筑形式、什么文化特质的酒店，都影响酒店标牌的造型、外观和基本形态。如选择方形、长形、圆形、椭圆形、扇形、锥形、异形、自由形还是立体形，安装的方式是镶嵌、粘贴、悬挂、吊链、立式、卧式、移动等，都应与整个酒店的装饰风格相匹配。安装时可当成一幅画去构图：点线搭配、衡中求变、总体平衡。

（2）"色"指颜色，也指图案。色调和各个层次色彩搭配和谐统一。指引图形简洁明了，装饰图案不能喧宾夺主。在安装的背景环境下要易于识别，且要与整体风格相协调。

（3）"质"指材质，不同的材料质感不同，表达的设计感觉也不同。可选用的材料有很多，仿大理石、木材、玻璃、塑料、不锈钢、亚克力、铝板、雪弗板等等，可根据酒店的定位进行选取。此外制作工艺也影响质感，不论是丝印、喷砂、雕刻、电镀、蚀刻、夜光，制作精良永远是首要要求。

"味"是指韵味、品位。设计的美感、材料的质感、安装的现场感都将成为酒店整体品位的一部分，给客人直观的感受。

http://www.szgaodu.com/jiudianbiaoshi/ 导视设计资料

资料来源：《酒店大堂设计要素》《主题酒店设计全观》《酒店设计调研报告》

《酒店大堂设计要素》 各大五星级酒店集团设计规范 百度知道

楼梯

在酒店设计中，楼梯是为满足室内空间之间的穿行需要而设置的特殊区域。它是联系平面与平面空间及平面与立面空间交通的公共区域，是组织空间秩序的有效手段，具有实用与艺术欣赏的双重意义。楼梯作为酒店室内空间竖向联系的主要部件，其位置应明显，起到提示引导人流的作用，同时要充分考虑其造型优美、通行顺畅、行走舒适、结构坚固、防火安全以及满足施工经济条件要求等问题。

在酒店设计中，楼梯的设计应满足的几点要求：

在酒店设计过程中，复式楼梯起着承上接下的作用。复式楼梯设计是受跃层式酒店的设计构思启发的，在设计上仍有上下两层，实际是在层高较高的一层楼中增建一个 1.5 m 的夹层，两层合计的层高要大大低于跃层式酒店。复式楼梯可以使用酒店中的任何材料做设计，例如实木、石板、瓷砖等。楼梯设计中，最关键的是扶手的设计，它是楼梯设计的重中之重。扶栏最忌讳采用镜面不锈钢或其他银亮面金属进行设计，其最理想的材料是锻钢，其次是铸铁，然后是木，最后是瓷。最理想的扶手材料是木，其次是石。

一、功能要求

在酒店设计中，楼梯的数量、宽度尺寸、平面样式、细部做法等均应满足功能要求。楼梯在室内空间中具有垂直交通的功能，通常宽度应不小于750 mm，踏步的高度一般在150～180 mm，栏杆的高度在900 mm以上，在空间的处理方式上有着特殊的造型和装饰作用。楼梯的形式由空间的尺度、层高来决定，无论选择哪一种类型的楼梯都应考虑方便行走、节约空间。

需要注意的是，大堂楼梯的体量和尺度不完全取决于人流数量，而首先要满足空间构图的需要，因为它的装饰作用远高于交通作用。楼梯的造型、用料和细部装饰须与大堂造型风格相协调。

在别墅式酒店中，起居空间一侧的小型楼梯或台阶同样是室内最活跃的部件，在营造空间情趣中起着举足轻重的作用。一段格调高雅的楼梯和栏杆，既能丰富空间层次，形成空间的趣味中心，又能决定室内装饰的基调，决不可轻视。

二、安全要求

在酒店设计中，一般楼梯间距、楼梯数量均应符合有关规定。公共建筑和走廊式住宅一般应取两部楼梯（单元式住宅可以例外），且相邻两部楼梯间距不小于5 m，2～3层的建筑，可设置一部疏散楼梯。

18层及18层以下，每层不超过8户、建筑面积不超过650 m²的塔式酒店，可只设一部防烟楼梯间和消防电梯。设有不少于两部疏散楼梯的一、二级耐火等级的公共设计，如顶层局部升高时，其高出部分不超过两层，每层面积不超过200 m²，人数之和不超过50人时，可设置一部楼梯，但应另设置一个直通平屋面的安全出口。

三、结构要求

楼梯应有足够的承载能力：酒店设计要按 1.5 kN/m² ，公共设计按 3.5 kN/m² 考虑；

足够的采光能力：采光系数不能小于 1/12；

较小的变形：允许挠度值为 1/400 l。

四、施工、经济要求

在选择装配式做法时，应使构件重量适当，不宜过大。

弧形楼梯的空间效果比较突出，具有不同凡响的气势，因此，无需太多的繁复装饰便能营造出让人眼前一亮的效果。

规模宏伟的楼梯有利于为空间营造出一种磅礴的气势。设计以美妙无比的想象力把迪拜的传统风格、图案、颜色与高级的建材融为一体，给人以极佳的视觉感受。它独特的设计概念，打造出蜿蜒不断的完美弧度和柔化的边缘，以一种近乎无缝的状态有效充盈于空间，不仅透露出不容置疑的王者气息，更展现了建筑的柔美，让优雅慢慢扩张。

旋转楼梯，作为一种经典艺术形式，以别出心裁的构思、赏心悦目的外形结构巧妙连接建筑错层构造，成为酒店的一道美丽的风景线。然而，在现代楼梯的设计中，不同材料组合的旋转楼梯又可以创造出惊人的视觉效果。比如，木扶手与玻璃踏板组成的旋转楼梯给人干净、清爽的感觉。

通道

酒店的通道连通各个功能区，具有引导和暗示的作用。其设计风格应与总体风格一致，动线规划应合理，指示清晰，并在必要的端点或转折位，或较长的通道两侧，设一些艺术装饰，增加行进中的乐趣。从房间的联系考虑，通道的宽度应满足人的通行和搬运家具的需要。

通道形式上大致分为"一"字形、"L"形和"T"字形，性质上大致分为外廊、单侧廊和中间廊。"一"字形的走廊方向感强、简洁、直接；"L"形走廊含蓄、迂回，富于变化；"T"字形走廊具有空间通透、视觉变化大的特点。

具体酒店设计时应从走廊的顶棚、地面、墙面等几个界面进行装饰。顶棚照明由于没有特殊的照度要求，常采用顶灯或墙体壁灯作排列布置，充分考虑光影形成的韵律变化，消除走道的单调和沉闷的气氛，创造生动的视觉效果，不做过多的形式变化以避免累赘。走廊地面由于几乎完全裸露的特点，在材质的选用上应兼顾到其他空间的地面材料变化，注意地面的视觉效果，防止噪声，以保持空间的独立性。作为走廊空间主角的墙面，其装饰应符合人视觉观赏上的生理需要，一方面可以从界面上进行包装装饰，另一方面可以从艺术形式上进行装点美化，如装饰挂画等。一方面它能反映设计者的艺术修养和专业素质，另一方面它能与其他空间的设计相协调。

公共走廊，可根据酒店自身的定位，进行尺度的设定，某五星酒店集团对公共走廊的尺寸要求如下：

（1）会议设施宽度至少为 3.0 m；

（2）餐饮设计宽度至少为 2.4 m；

（3）单边客房走廊宽度至少为 1.4 m；

（4）双边客房走廊宽度至少为 1.8 m；

（5）出口走廊宽度至少为 1.5 m（如当地法规要求更高，则需符合当地法规）。

灯光是诠释空间的最好载体，它可以给人不同的时间感受，并能巧妙烘托出不同空间的气氛，在最大程度上展现室内空间。在过道的适当位置营造巧妙的灯光装饰效果，通过对灯具不同投光方式的调节，造成不同形式的灯光造型装饰，不仅渲染空间氛围，突出光影效果和艺术效果，同时也增强了过道的趣味性，吸引人们的目光，并对其灯光环境产生深刻的印象。然而，值得注意的是，通向客房的过道在光线处理上要把握好，既要达到基本的照明需求，又要保持私密性。

酒店过道装饰通过摆放适当的工艺品，创造出高雅的艺术品位，为顾客带来不一样的视觉享受。在点缀空间的同时也让艺术的气息充满整个空间。不经意的一瞥，都可能是心的享受。

参考资料：
百度文库
《简述酒店室内楼梯设计形式要求》
来源：筑龙博客
《酒店内部流通通道及电梯设计的规划》
作者：黄文源
来源：天惟研究中心

酒店中庭造型设计的常见形式

中庭是豪华酒店内一个特定形态的多功能共享空间，是一个令人向往的所在，优良的中庭空间不但有高大宽敞的豪华气派，而且具有变幻无穷的空间场景，绿化、水池、瀑布和透光顶棚使室内洋溢着室外庭园的情趣，观光电梯的上下运动和川流不息的人们打破了大空间原有的刻板和单调感。宾客在此小憩品茗，自能体验到一种亲切、活泼、新奇、欢乐的戏剧性效果。

设置中庭在空间、经济、能源等方面均需花费不小的代价。因而，酒店一旦设置了中庭，应全力以赴对中庭进行精心布置，让其丰富、充实、多姿多彩。宁使其满，勿使其空；宁使其闹，勿使其清；宁使其动，勿使其静。冷冷清清和空空荡荡的大空间是没有生命力的，没有生命力的空间不会对顾客产生吸引力，而没有顾客光临的空间是最大的浪费。

一、单向中庭形式

　　单向的酒店中庭形式是三个侧面直接对外开放的，尽管是从属于酒店本身建筑的一部分，但确实是暴露在自然之中的，是内部空间外部化的表现形式，这种形式将建筑空间与自然环境巧妙地联系在一起，让人们可以充分地感受和接触自然。但这种酒店中庭的形式存在一个弊端，即其保温效果较差，在冬季或者较为寒冷的地方是不适用的。

二、双向中庭形式

　　双向的酒店中庭形式有两个侧面直接对外，对外侧面的选择可以依照当地的情况进行选择。双向中庭形式的通透性较好，与单向中庭相比，更具有室内的感觉，且可以直接观赏室外风光，光线充足，但同样保温效果不佳。

三、三向中庭形式

　　三向的酒店中庭形式只有一个侧面直接对外，亦可直接观赏室外景观，小幅度地引进自然光线和室外的风，保温效果比前两种好。

四、四向中庭形式

　　四向的酒店中庭形式，亦称全封闭式的酒店中庭，其四面均不对外，全方位封闭。这种形式的酒店中庭最为常见，其顶部一般是采用光顶的设计，自然采光的方式是采用顶部采光，保温性能较为良好。

　　开放式的中庭是八层高的印度海德拉巴柏悦酒店最显著的设计特色。设计师打造出层次分明而又错落有致的空间，采光丰富。由于中庭呈茧状设计，置身其中，便不禁油然产生温暖舒适之感。

印度海德拉巴柏悦酒店

酒店中庭的
空间尺度

酒店中庭空间的平面面积没有明确的规定，可根据酒店的自身情况和视觉艺术需要均衡考虑，通常情况下面积不宜太小。中庭的设置要考虑人们的生理和心理感受，要符合空间尺度关系，过高会使人产生压抑和自卑感。通常人的视觉合理感受高度为 21 ~ 24 m，因此在规划时应考虑这个规律和因素，通过设计手法使空间的构成元素和构成比例相应。

随着建筑技术的日益提高，酒店中庭空间高度的设计也在不断地提高，虽然酒店中庭的尺度感越高越能让人产生震撼感，但一旦高度超过了一定界限就会让人觉得自己渺小，有明显的压抑感。因此，在进行酒店中庭造型设计时要避免空间尺度感过高的情况。例如，当空间尺度感过强时，可在竖向大尺度的装饰和在近人的地方进行小尺度的装饰，以缩小空间尺度感。也可以在竖向酒店中庭的底部设计几层平台或者悬挂艺术装饰灯，使得竖向的尺度更加有层次，调节人们过大的空间尺度感。此外，在中庭中高处的回廊上可增加一些新颖独特的造型来转移人们的注意力，可消除压抑的感觉。同样，在进行横向的空间造型设计时，也可以利用一些小范围的造型或者装饰来改变中庭造型中具有视觉冲击的地方。

曼谷暹罗酒店

中庭善用殖民风欧式旧车站钢架挑高的空间设计，再加上黑白的色系及玻璃窗洒下的自然光，在明亮中带些巴黎奥塞美术馆的味道。此外，遍植热带林的静谧黑色水池，以及处处可见的中国古物收藏品，把度假空间和人文元素掌握得恰到好处，且自成一格，美学功力让人极为赞赏。

酒店中庭的光环境设计

酒店中庭的光环境设计应结合酒店建筑平面和剖面的设计，综合考虑影响中庭采光效果的各种因素，例如酒店中庭顶部的透光性、空间的几何比例、界面反射效果等等，灵活多变地运用各种设计手法，尽可能地把自然光线引入室内，从而改善人们的视觉效果，减低人工照明能耗，减少对环境的污染，实现可持续发展的酒店中庭光环境设计。

酒店中庭的光环境设计具体需要注意以下几点：

（1）中庭顶棚玻璃应该选择定向折光型或漫射型玻璃，这样照射到顶棚玻璃的阳光就能通过多次的折射或漫反射把光线通过中庭的侧墙或其他界面最后送达中庭的底部。为了使酒店中庭的整个光线感觉均匀、舒适，可把侧墙或其他界面的表面也设计成漫反射的类型。另外，最为直观的办法就是采用软百叶或遮阳膜遮挡直射阳光。

（2）为了使到达中庭底部的光线满足正常的光照要求，需要尽量减少光能的损耗。这就要求酒店中庭空间各个界面吸收光能的系数一定要控制在一个较小的范围内。为了消除不稳定的光斑，可将日光收集起来，之后再利用折射及反射原理将阳光引入中庭底部，以使室内光照加大且稳定和均匀。另外，多变的直射光能很好地表现建筑艺术造型、材料质感和渲染室内环境气氛。需要注意的是，酒店中庭挑廊上的绿化布置反射性能很低，直接影响了光线到达中庭底部的强度，

因此需要合理布置，从而保证中庭底部拥有足够的自然照明。

（3）酒店中庭的光照水平衰减梯度是由中庭内部空间尺寸——长、宽、高所决定的，对于一些在垂直方向上狭长或突出构件过多的中庭空间，中庭底部活动区域的自然光线是很难达到光照标准的，故需要采用人工照明来进行补充。但为了避免能源的浪费，需要控制好自然光和人工光之间的比例关系。由于酒店中庭是一个休闲性的场所，所以在人工光源的设计中，灯光的选择应尽量柔和，从而使其中的客人能够感受到恬静、明快、舒适、健康和高雅的氛围。

此外，因为人工照明不但可以增加酒店中庭室内环境的情趣，还可以起到限定中庭室内空间、烘托空间气氛和丰富空间层次等作用，因此也成为室内装饰的一种手段。

酒店中庭空间环境的照明方式主要有全盘照明、局部照明和混合照明三种。全盘照明具有广泛性，用于整个中庭空间的照明，而局部照明也有自身的优势，比如它具有很强的灵活性。混合照明及全盘照明和局部照明的有机结合，这种照明在酒店中庭空间中的应用最为广泛。

**酒店中庭的
陈设艺术**

酒店中庭不仅是空间上的艺术，还涉及工艺美术、雕塑、景观绿化等其他艺术形式，是所有这些艺术形式的综合体。由于酒店中庭空间所具有的竖向特征和独特的视线活动，因此在装饰设计的过程中要充分考虑酒店中庭的竖向特征和竖向层次艺术，只有这样才能取得较好的酒店中庭空间艺术效果。

一、建筑小品

（1）雕塑：在酒店中庭空间中不但可以起到标志性作用，还可以作为中庭局部空间的景观装饰品。酒店中庭内的雕塑按照其起到的功能大致可分为主题性雕塑、纪念性雕塑、功能性雕塑、装饰性雕塑等等。

（2）亭：作为传统园林建筑环境中重要的构景元素之一，常被用在酒店中庭的构景当中。亭具有独立而完整的形象，且玲珑秀丽，往往在中庭景观中起到"点景"的妙用，很好地起到画龙点睛的作用。

（3）桥：桥的存在给酒店中庭景观增加了许多诗意的色彩，且很好地丰富了空间层次。

（4）挑台：酒店中庭内部常常会有功能性挑台空间的设计，同样是为了创造多层次的空间效果，从而给中庭中的人们提供一个交往、休息和就餐的舒适环境。

二、绿化植物

中庭绿化植物的选择，首先要考虑种植适应本地气候条件的花卉，选择占地面积小，美化效果好的种类。还要根据中庭内环境的特殊性选择合适的绿化植物。

（1）宜选择较耐阴的植物：中庭内光照强度较低，阳性植物不能正常生长，故必须选择对光照需求较低的耐阳植物。如果选择光照强度需求较高的植物，则只能摆放在向阳面。一般说来，观叶植物要求的光照强度不如观花植物要求的光照强度强。故中庭内一般宜摆放观叶植物，观花植物宜摆放在向阳处。

（2）宜选择较为耐旱的植物或者选择水生植物：中庭绿化植物得不到自然雨水灌溉，且中庭内空气湿度较低，必须由人工经常浇水，故需选择较为耐旱的植物。若要避免经常浇水的麻烦，也可以选择水生植物进行绿化，同时水生植物可增加中庭内的湿度。

（3）宜选择耐土壤贫瘠的浅根性植物：中庭绿化植物一般植于花盆中，土壤数量少、土层薄，不宜栽种深根的、需肥多的植物，宜选择耐土壤贫瘠的浅根性植物。盆栽植物的土壤不宜从室外直接挖取自然土壤，一般应进行配制，即用自然土壤与腐质土、泥炭土、蛭石、珍珠岩等混合配制，PH 值为微酸性或中性。

（4）宜选择对人体健康有益的植物：有些植物的植物体有毒，如夹竹桃；有些植物的花香味对人体的嗅觉有较强的刺激作用，夜晚还会排出大量废气，如夜来香；有些植物有致癌作用，如风信子、凤仙花。这些植物不宜选为中庭绿化植物。中庭绿化的植物种类很多，从观赏的角度，主要以观叶种类为主，间有少量赏花、赏果种类。从改善中庭内环境的角度，主要以净化中庭空气的植物种类为主。

参考资料：《浅议酒店中庭的造型设计研究》
作者：丁艺
《中庭绿化初步研究》　来源：百度文库
《酒店中庭室内环境设计探析》　作者：刘柳

HOTEL ROOMS DESIGN
客房设计

不同类型酒店
有不同设计需求

　　根据酒店所处的不同地理位置、经济结构、自然景观、人文环境等条件，酒店所提供的服务和经营定位也应有不同的侧重点，才能满足不同类型客户的需求。根据酒店功能定位的不同，大体可以分为以下类型：商务型酒店（含会议型酒店）、旅游度假型酒店、设计酒店（含汽车旅游、娱乐酒店）、经济型酒店。不同的酒店定位，其配套设施、服务项目也各有侧重点，细到酒店客房的类型比例、尺度、设施、设计也会有一定区别。比如商务酒店以商务客人为主，他们对酒店更挑剔，同时也愿意付出更高的价格，所以酒店应有完备的商务配套，客房以舒适便利为主，设施精良，设计风格相对严谨；旅游度假型酒店，是以享受生活和体验当地特色为主，设计上更舒放自由，浴室常常能观看到风景；设计酒店是为体验不一样的人生，追求时尚个性的群体准备的，在设计上更富有想象力，更多个性化的小玩意儿满足他们猎奇的心理，客房设计也充满个性色彩。本节从客户的角度去诠释不同类型酒店设计的共性与区别。

客房设计的原则

　　客房是客人入住后使用时间最长的，也是最具有私密性的场所。客房的功能布局、面积大小、装饰风格、光照条件、照明效果、卧具、用具、视听设备、通信方式、空气质量以及卫生整洁程度等，将会给客人以深刻的印象，从而决定着酒店经营的成功或失败。可以说，客房实际上是文化内涵与技术要素的结晶，有很强的系统性、功能性、方向性、标准性和艺术性，必须全面贯彻"以人为本"的原则。

　　客房设计的基本理念应具有原则性，在设计方法上也依靠经验和具有规律。但同时又是多元化的，不断发展的，与社会、经济和科学并行前进的，需要创造性精神的。它包括功能设计、风格设计以及人性化设计三方面的内容，它们相互补充、协调，共同为酒店赢得品牌和经营上的真正成功。其设计流程的先后顺序为：功能第一，风格第二，人性化第三。但在设计的整体构思上，这三方面的内容则要统一思考、统一安排，不分先后，不可或缺。功能服务于物质，风格服务于精神，而人性化研究是对物质与精神融合以后实际效果的检验与深加工。

　　客房设计要有标准性，形成模块化，可以不断复制。从酒店成本考虑，客房类型的配比要遵循一定的比例，每种类型的结构、基本格局和配套设施都要遵守一定的规范，装饰和图形可以不同，如果每个客户一种格局和装饰，必然会导致成本的升高，这显然是不利于经营成本控制的。

　　酒店客房具有卧室、办公、通讯、休闲、娱乐、洗浴、化妆、卫生间（坐便间）、行李存放、衣物存放、会客、私晤、简餐、闲饮、安全等基本功能。由于不同的酒店性质不同，因此客房的基本功能也会随之有所增减。为基本功能进行的设计主要体现在客房的建筑平面、家具平面、水电应用平面、天花平面的布置中，以及在这些平面设计中已经定位的门窗、家具、洁具、五金和主要电器设施的选择。

　　客房的风格设计是为酒店创造特色，给客人留下深刻印象和好感的重要手段。客房风格的创造可以凭借客房内不同的空间、部位和物品来展开。如利用卫生间、家具，利用窗帘和地毯的色彩，利用灯饰、艺术陈设品，利用某种特别的墙纸，甚至利用格局布置的创意，利用对某种生活行为的创意等等可谓不一而足。设计师要特别注意把握分寸，抓住重点，不要处处都是"风格"，避免出现主次不分的凌乱现象。

客房内部的人性化设计包括安全、方便、私密、舒适、喜悦、个性、享受这7个目标，设计师要从视觉、触觉、行为、声音和气味等多个方面入手进行工作。在这个阶段，客房的室内设计工作基本完成，而人性化设计的工作却可能刚刚进入实质性阶段，因为只有在此时才有机会通过经营使用后的反馈发现种种非人性化的问题和缺陷。人性化设计，实际上会在客房投入使用后伴随相当长的一段时间，有时是两三个月，有时会更长。对经验丰富的酒店室内设计师来说，这种"后设计"时间就少得多。

客房设计具有完整、丰富、系统和细致的内容，它是世界上很多优秀酒店几十年经营管理经验的结晶；同时，随着时代与技术的进步以及人类生活与消费观念的更新，又使客房这个与旅行者个人关系最为密切的私人空间面临着不断的、新的变革和新的需求；而在设计责任划分上，客房设计也并非只是室内设计师的工作，建筑师对客房平面的最初布置是客房设计的第一步。

建筑师在进行建筑平面方案设计时就要考虑到为客房提供尽可能恰当的位置、空间、尺寸和景观方向，尽可能节约公用面积，尽可能缩短疏散距离和服务流程的交通布局，尽可能避免陈旧的卫生间布局，尽可能完整而合理地布置好客房里所有电源和开关的位置等等。室内设计师的工作则首先是深化所有使用功能方面的设计，然后是选定客房的风格，明确客房的文化定位和商业目标，并为客房创造特色,选择正确的用品和陈设品。

　　皇室套房可谓是对伦敦繁华大道"皮卡迪利"145 号的高度礼赞。该处是伊丽莎白女王二世童年时生活的官邸。新设计空间因此致力于囊括伊丽莎白二世早年时期的风格。新添的空间"收藏"以其弹性的手笔虽然极尽奢华，但却可以说是专为客人量身打造的。

　　四个相互贯通的空间，风格相互匹配。连接起来共有 196.7 m^2，内设 5 个卧室，5 个卫生间。偌大的面积也因此使其成了伦敦最大的客房空间。73 m^2 的伦敦套房，虽然是奢华的公寓式风格，但如若与其他空间相连，便可华丽地转换成 350 m^2 的场域。

KITCHEN

POWDER ROOM FLOOR

FOYER

UP UP WALK-IN CLOSET

DOWN

UP

SCREEN

LIVING AREA

RETAIN EXISTING FLOOR

BATHROOM

WALK-IN CLOSET

LUGGAGE RACK

DINING AREA

BEDROOM

不同类型酒店的客房要求

一、商务型酒店

　　商务客人消费水平高，对客房的要求也较高。商务型酒店的设计应考虑到市场需求、资金要求与投资效益要求、管理难度等问题。商务型酒店大多设在城市中心或者交通便利的地域，因为商务客人时间宝贵，一般不愿意把时间耗费在交通上，另外酒店的餐厅也要求格调高雅，满足其招待商务客人的要求。对于客房则以格调优雅、舒适便利、尺度开阔、设施精良为主。

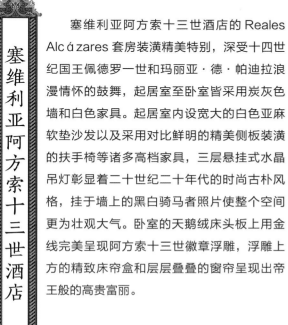

　　塞维利亚阿方索十三世酒店的 Reales Alcázares 套房装潢精美特别，深受十四世纪国王佩德罗一世和玛丽亚·德·帕迪拉浪漫情怀的鼓舞，起居室至卧室皆采用炭灰色墙和白色家具。起居室内设宽大的白色亚麻软垫沙发以及采用对比鲜明的精美侧板装潢的扶手椅等诸多高档家具，三层悬挂式水晶吊灯彰显着二十世纪二十年代的时尚古朴风格，挂于墙上的黑白骑马者照片使整个空间更为壮观大气。卧室的天鹅绒床头板上用金线完美呈现阿方索十三世徽章浮雕，浮雕上方的精致床帘盒和层层叠叠的窗帘呈现出帝王般的高贵富丽。

二、度假型酒店

（一）度假村酒店的类型

1. 滨水度假酒店

　　滨水度假酒店是为享受海洋风光的人们和水上运动爱好者提供休闲度假而设置在海岸边或湖边的酒店，其一个主要特点是离水岸近，并有大面积的建造空地，环境控制规定所建造的酒店一般要离海岸或湖边 61 m 以上。客人能从客房的阳台和落地玻璃窗里看到海滩变幻无穷的景色。

　　出于环境保护以及视觉方面的考虑，酒店应与背景融为一体，组成和谐的景致。为使酒店轮廓不突兀，酒店多建于悬崖峭壁上及突出的岩石之中，或者拾阶而下掩映在露台上的植物中和天然丛林下。

　　客房大楼是内走廊型，一般须与海滩垂直，以保证所有的客房都能与海滩形成至少 90 度的视线角，也就是保证在所有的客房里都能看到海滩。若客房大楼为外走廊型，虽然客人都能正面看到海岸景色，但它需要比同等规模的内走廊客房大楼增加 15% 的主体结构费用，它可能会成倍

马尔代夫芙花芬富士岛度假村

增加客房楼层走廊的面积。

由于滨水度假酒店的客人平均停留时间长，家庭游客较多，因此，其客房面积应比一般酒店大出 10% 以上。因此，客房的长度一般从标准的 5.5 m 增加到 6.4 m，便于在房内增设活动床。壁橱的长度不得小于 1.4 m，便于存放客人携带的衣服和运动器材。浴阳台的宽度不得小于 1.5 m，并要备有一张桌子、若干椅子和至少两张躺椅，以便客人进行日光浴和观赏外景等。

马尔代夫芙花芬富士岛度假村的 Ocean Pavilion 在印度洋 200 m 开外的海水之上，有专用的连接陆地的木质栈道直通。Ocean Pavilion 是一座从结构到内部装饰均自然显现出十足的现代感的马尔代夫特色茅屋，内部陈设豪华高雅，运用深色原木并搭配棕色及米黄色的柔和色系，呈现给住客最舒适最放松的视觉享受。入口处可看到专用的大泳池，一片天然的蓝色，平台分为两层：上层是双大厅、下层是宽敞的餐厅，2 间海景豪华泳池水上别墅离主岛 100 m 远，面对东方。宽阔的私人无边泳池从室内一直延伸到室外，与地平面融为一体。

2. 山地度假酒店

　　山地度假酒店是指那些坐落在以山区景色为主要特色的旅游区中的酒店。出于对自然环境的保护要求，大型的山地度假酒店项目采取严格的环境和规划控制措施。酒店一般都要与自然风景相协调，不必很突出，应该避免有损自然风景。

　　按照不同的气候和地理条件和为客人提供的不同活动，山地度假酒店可分为景点度假酒店、滑雪度假酒店等。景点度假酒店建在一些名山大川或国家森林公园等附近，为观赏自然风光的游人们提供住处。自然风景是这类酒店存在的基础，所以在选址规划时一般考虑在主景区的外围或是更远一些的位置，并严格控制建筑的高度，尽量使建筑风格与当地环境相协调。滑雪度假酒店则是为满足冬季滑雪运动的市场需求而设计的。

　　滑雪度假酒店由于其主要的滑雪场都建在山的北坡，因此客房的朝向也较容易安排，多数客房既可以朝南享受阳光，又可以看到滑雪场上的景色。滑雪度假酒店的阳台和屋顶平台，要承受积雪重压，因此对结构及防水性能要求特别高，可能的话，滑雪度假酒店的客房要安装天窗和带坡度的顶棚，这样的客房能给人比较舒服的心理感受。

　　一些山地度假酒店由于冬季气候寒冷，门窗一般要安装双层玻璃，以便保持室内温度和节省能源。客房内要配备微型冰箱，因为旅游者在登山或滑雪剧烈运动后需要更多的饮料。登山者或滑雪者喜欢淋浴而不是盆浴，因此每个客房里要安装淋浴器。由于来此度假的人们大多喜爱运动，因此，室内地面材料必须结实耐用，而不是采用一般客房那样铺设地毯的做法。

因斯坦布鲁克欧罗巴大酒店

因斯坦布鲁克欧罗巴大酒店曾经是贵族的官邸，巴伐利亚国王路德维希二世声称这里是举行活动最适合的地方。酒店客房由意大利建筑师 Botti 设计，融合了现代高科技术和古代蒂罗尔风格，选用有着 300 年历史的东蒂罗尔农庄木料，散发出传统的魅力。透过客房窗户，可欣赏到阿尔卑斯山的壮丽景色。

3. 主题度假酒店

主题度假酒店的设计要符合景点所在地的格调，应着力体现和表达主体旅游景点的独特风格。在设计中应强调对环境背景的细致演绎，以加深和延长客人对旅游景点独特风格的体验经历。

主题套房由时尚品牌 Paul & Joe 的首席设计师 Sophie Albou 打造，室内设计受强烈的日本风格影响，床顶、窗帘、被单及墙上的 Paul & Joe 广告设计也富有特色，独立阳台更坐拥池畔的园林景观。

科罗特埃唐斯酒店

（二）度假村酒店客房的要求

度假村在地理位置上一般处于边远地区，在设计上讲究异国情调和独特的人文精神；鼓励友爱和集体活动；不用闹钟、唤醒铃、电话、收音机和电视机；客房不设前门锁。总之，尽量营造一种无拘无束的轻松气氛。

度假村的地层建筑构思和地方民族风格比其他类型的度假酒店更偏重地方文化和自然环境。酒店设计要使步行成为度假村的一大特色，通过不同功能的建筑(主要是客房)的组合和景观布置，以鼓励客人以步代车，融入自然，忘却都市繁琐的生活。

三、设计酒店

　　个性化的酒店设计，也能成为吸引客户到访的重要手段。设计酒店没有明确的地域限制、级别限制、规模限制，要求的是主题鲜明，带给客人独特的体验。主题酒店的客房比一般的客房更具有针对性，运用多种艺术手法，通过空间布局、光线、色彩，多种陈设与装饰等要素的设计与布置，烘托出某种独特的文化氛围，突出表现某种主题的客房。同样格局的客房，因为不同的布置，而呈现出不同的风貌，可以击中一部分人群的心理或者爱好，形成偏好密码。主题客房按风格类型可以分为以下几种：

1. 以客人的年龄段、性别、职业为主题

　　比如受女生喜欢的 *HELLO KITTY* 房，粉色的布置，可爱的 *KITTY* 造型，都能快速打动年轻的女孩。还有为银发族设计的老人客房，材质沉稳大方，触感舒适，还有专门的防滑设计、扶手支撑设计等，多从老人的生理心理需要出发进行设计。

2. 以某种时尚、兴趣、爱好为主题

　　比如电影主题的客房、小说主题的客房、汽车主题的客房、马戏团主题的客房、工业时代主题的客房、手工爱好主题的客房、动漫主题的客房、巧克力主题的客房等，没有做不出的客房，只有想不到的主题。

3. 以异国风情为主题

　　现代人出游的机会越来越多，旅游已经成为生活不可或缺的一部分，体验各地风情成为游客的一大爱好，有些地域风情受到很多人的欢迎，因而也成为酒店主题设计的一条思路。比如城堡主题的客房、泰式风情、伊斯兰风情、印度风情、阿拉伯风情、美洲风情等等不一而足。

4. 以动植物花卉或自然为主题

　　比如热带雨林风情主题客房、竹藤主题客房、蝴蝶主题客房、兰花主题客房、香花主题客房等。

5.以某种特定环境为主题

　　现代人的猎奇心理，让他们追逐从未去过的环境，寻求刺激，感受新奇。这类特定环境的主题客房有科幻主题客房、海底世界主题客房、太空梦幻主题客房，还有监狱环境主题客房、穿越主题客房等。

绘房间

本案设计的基本概念是希望能把平面的空间，如面体、墙面、天花合而为一，成为一个具有三维质感的雕塑空间。借助于奢华瓷砖的运用，雕塑般的空间成为一个令人充满好奇、激动的所在。彩色的瓷砖在提升质感的同时，也使整个空间如同成了一个完整的有机体。

正对着玄关，首先映入眼帘的是第一个套房卧室。长长的耀眼绿色形塑的调味板使此处的设计与整个房间的设计大不相同。顺着此处，抬脚上行，绿色的墙面先是转化成了桌台，其次成了整个家具的一分子。组合的家具内置小小的厨房，迷你吧台冰箱以及其他设计。视线越过桌面，捕捉到另外一个桌台。镜面的背后隐藏着卧床。紧靠着卧床，有一组绿色的沙发。沙发之上，一蓝色 LED 灯光照明，如同悬于空中。大大的床头灯，与玄关窗相互呼应。视线的尽头是一个枕头。脚凳与床的高度齐平。其线条软柔似棉。富有标志色彩的咖啡桌延续着几个脚凳套的绿色。轻松的角落出则是乾坤天地，入则是舒适的他方世界。

次卧以橘黄彰显特点。床头板圆环，悠长、紧密。圆环内嵌以灯光照明，取代了常规床头柜。灯照90度弯内倾斜，华光照耀，别有惬意。前行中，照明化身为桌面。蔓延中，桌面连接着玄关窗。床面继续着橘黄色的主题。厨房里，镜面装饰的家具后隐藏着冷藏室、迷你冰箱。卧室的对面墙上，悬挂着众多衣架，以屏风的形状写意着镜面。镜面也因此焕发出生命的光泽，弯曲前行中与厨房的镜面家具相互融合。衣柜间以白色框架家具作为主打。圆圆的柜组铆接，轻松地实现自旋转。天花处，自然垂下的构架神神秘秘地悬于半空之中。

　　双人卧室套房皆以清爽、轻盈的家具动人。所有元素可以分成两个部分：主打元素及其辅助。桌台、床头柜、板架、LED 装置全以硬实的表面作为装饰，纯白色系；其二元素由黄色钢管构成。金黄闪亮的元素相互攀附、悬挂着前行，相互捆扎，给人一种多层次的复合感。

阿什福德城堡酒店

  Ashford Castle Hotel 的客（套）房里到处都是仿古家具、绘画原作、大理石配件和奢华的织物。房间的装修风格非常传统，界面与陈设的表面纹理图案以自然有机形式为主，形成怡人的空间效果。所有房间的装饰都各具特色，但是每一间都有平板电视和互联网接入的现代设施。

精雕细刻的木墙板，佐以侧端金属细工，巴厘岛水明漾艾尔酒店套房内大量具现代感的家具打造出时尚简约的住宿空间，也成为客人的理想之选。里根套房（Legian Suite）将传统巴厘岛风格辅以精心的现代感设计，窗外的市容街景完美地融合在巴厘岛壮丽的景色中。房内大理石墙面与木质天花板相呼应，灰色、白色、象牙色的组合却不沉闷，因为那些鲜艳布料的抱枕已深深映入你的脑海。

客房的功能构成

客房的功能构成是以游客的行为特点为依据的。游客在客房的行为分别有休息、眺望风景、阅读、书写、会客、听新闻、音乐、看电视、用茶及点心、储存衣物食品、沐浴、梳妆、水面以及酒店内外的联系等。由于酒店的功能特点、客源特点，上述行为有的需较大的空间，有的则可简略。

客房具有各种不同的功能分区，它们对位置的要求也不尽相同：

休息或工作空间：靠近窗户，自然采光，可移动的家具。

睡眠空间：位于安静区域，远离窗户，与入口屏蔽开。

梳妆空间：有照明良好的镜子、椅子或长凳，多功能用途。

储藏空间：接近入口，方便出入并进行辅助照明。

洗浴空间：位于内、外部，隔音，便于工程服务。

床头空间：安装有灯具、电话，便于铺床。

流通空间：足够宽（容纳行李），空间可作他用。

各个功能区对尺度和配置的要求一般如下：

1. 睡眠空间

睡眠空间是客房最基本的空间功能，床是其主要家具，每间客房的床的数量不仅直接影响其他功能空间的大小和构成，还直接体现客房的等级标准，在面积相近的客房中，床的数量越多，客房的等级标准越低。

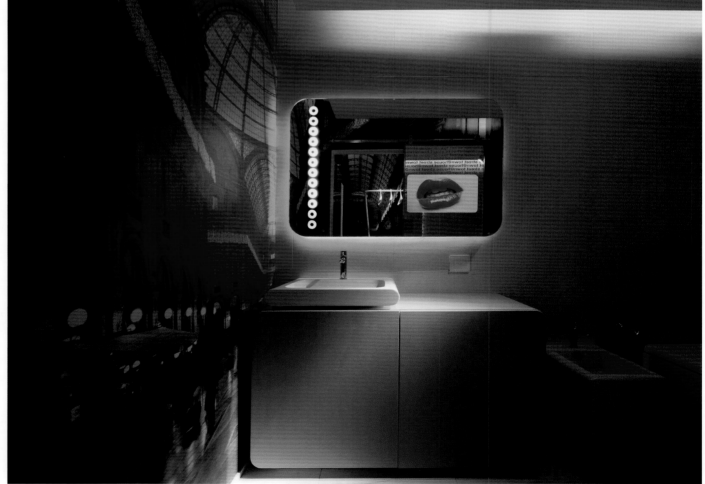

2. 书写、阅读空间

一般双人床间的书写、阅读空间在床的对面，长条形的写字台宽500～600 mm，高700～750 mm，当客房开间小于3 600 mm时，宽度还可以略小，写字台长至少900 mm；若电视机放在上面，则长度需1 500 mm左右。希尔顿酒店客房的写字台尺寸一般设计700 mm（深）×1 300 mm（长）×700 mm（高）。写字台有一个位于中间的抽屉，抽屉内部宽度在400～600 mm之间。无障碍写字台从地面到护板／顶面的净尺寸为700 mm。

一般客房，该空间同时满足梳妆功能，因此应配置梳妆镜子，化妆用品和小饰物的多用途存放台（盒）。有的豪华级酒店客房将书写、工作和阅读空间与梳妆分开，写字台单独设在窗前，梳妆台则设在床头柜和卫生间边、壁柜边，客房中书写、阅读空间和起居空间相结合，或有很好的联系，而梳妆则与睡眠空间或洗浴、储藏空间结合。

巴黎大酒店

以现代皇室风格装饰的巴黎大酒店客房设计别致，极富南法浪漫风情。这里与壁纸统一的窗帘、拱形的门窗及桃花心木家具无不彰显细节上的优雅。

鹿特丹主港设计酒店

鹿特丹主港设计酒店的客房将书写、工作和阅读空间与梳妆空间分开，写字台单独设于窗前。家具以线条简单，突出设计感为主，张弛有度的设计让艺术与设计彼此完美融合，同时也映衬了"设计酒店"的主题。

3. 起居空间

一般商务型酒店客房的窗前区为起居空间，安乐椅与小餐桌或沙发与茶几布置在此供客人眺望、休息、会客或用早餐。而大部分度假酒店都设有阳台作为起居空间的延伸，并且阳台宽度不少于1 500 mm，这样一来，它能为客房提供优美开阔的视野和窗外迷人的风景，并且还可以为客人提供一般的休息。

起居空间的功能内容与面积大小反应客房的等级，豪华级酒店客房面积比其他酒店客房面积大的部分主要在起居空间。高级套间常设独立的起居室和专用的餐厅，配以考究的室内装修显示高贵的地位。

大进深全套间客房起居空间置于客房走廊旁，与睡眠空间用卫生间相隔，扩大起居空间，更保证卧室清静不受干扰，追求家庭气氛。大进深客房对家庭旅游、商务洽谈、交往等有广泛的适应性，客房单元面积指标也大大提高，更增加了客房的灵活性。

这套总统公寓位于酒店1层，同样以凡尔赛风格打造，高挑的天花板、宽敞落地窗及精致古典家具，展现出奢华的皇家气派，为人称羡。总统公寓可互相串联的设计极大增加了入住人数及空间面积，可谓巴黎极致奢华之所。

4. 阳台和露台空间

在度假酒店客房的设计中，阳台的设计对建筑的造型起到至关重要的作用，并且能向客人提供一个观赏迷人景色的空间。但阳台和露台宽敞的空间也将明显增加成本（建筑结构的延伸、客房空间的损失），由此还将产生保安（出入）、通风、防水（连接处）、排水、房间内空调规定等问题。阳台和露台多数情况下只用于度假酒店和公寓客房，因为它们是展现酒店迷人景色的一个舞台，这些足以抵消以上的缺点。

阳台的作用大致可以归纳为：

（1）可为客人提供一定的户外活动空间，如休息和眺望等，作为客人观赏户外美景的场所；

（2）可作为起居室的延伸，用作户外闲谈、聊天、交流情感的场所；

（3）阳台的门窗面积大，可以过穿堂风，保持室内空气清新，这在海滨度假酒店客房特别重要；

（4）具有遮阳的功能；

（5）阳台多变的造型可大大丰富酒店整体的建筑造型。

阳台伸出建筑之外或凹进房间内。阳台可以形成一个角度或呈锯齿状以增加边侧的视线，客人可以沐浴在大海的微风中，或与其他房间很好地屏蔽开来。

阳台上要安装落地玻璃墙，阳台门锁要与空调装置相连，这样，阳台门一开，空调就关闭，同时也可以防止形成冷凝水和发霉物而损坏客房。有些高档的度假酒店有过这样的问题，其不透风的墙腔里的冷气不断使房内形成冷凝水。

阳台通道可以保证方便地清洁窗户，而且又提供了一条失火逃生的辅助路线。突出的阳台也减少了火焰沿窗口垂直扩散的危险并且能够屏蔽停车、道路和服务的噪音。

露台可以设计成逐层后退的结构，以利用下层建筑的顶部区域。这种方式通常在有坡地的地方采用，或通过与周围建筑物规模相协调来减少大型建筑物的突出外形。

5. 储藏空间

一般酒店客房的储藏空间是壁柜或箱子间，用以贮存游客的衣物、鞋帽、箱包，也可收藏备用的卧具，如枕头、毛毯等，视具体情况而定。壁柜常位于客房内走道一侧、卫生间的对面；在豪华级客房或套间卧室中，有时将壁柜设在床的一侧，占有与卫生间长度相同的整片墙面，显得颇有气派。壁柜门的开启需注意是否影响客房内走道的使用，因此推拉门、折叠门已成常见的形式。壁柜门常根据室内设计的基调、风格选用材料，一般用当地特有的材料，如木板、藤条，表现其地域特征。

6. 盥洗空间

　　客房盥洗空间，即卫生间，是度假酒店的重要组成部分，直接体现着酒店的星级标准，其合理安排直接关系到客房的服务质量。酒店建筑区别于其他建筑的最大特点之一是管线复杂，卫生间设备管线投资较大，因此卫生间设计还关系到酒店的经济，应充分考虑设备的管理、维修与更新。一般，卫生间成对布置可节约管道井的面积，在靠走廊一侧还可为客房的睡眠空间等起隔音作用。近年来，洗浴空间发生了很大的变化，朝着豪华、舒适的方向发展，开间、面积都增大了许多。一些度假酒店更是注重和建筑主体的结合，让客人在洗浴的同时又能观赏户外的优美风景。

巴黎莫里斯酒店

　　浴室拥有宽敞、开阔的空间，设计师采用大面积的顶级白底黑纹大理石材料铺饰地面与壁面，完美展现出超凡脱俗的高雅气质。而大理石明亮的色调、洁净光泽的质感以及丰富的纹理，与白色天花板相互呼应，营造出轻盈舒缓的空间氛围，让人仿佛可以在此完全洗涤身心，回归纯洁的孩提时代。

为了创造出视觉整体感，卧室内的卫浴室墙面与地板采用完全对缝的银白两色马赛克装饰，让视觉效果温暖而纯粹。玻璃隔断不仅区隔了睡眠区与浴室，也让浴室干湿分离。此外，设计师更有意将圆面镜从天花板上垂吊下来，很有趣味。

客房的空间尺度

一、客房的开间、进深和层高

酒店房间最重要的尺寸是开间。客房开间一旦确定后就为整个酒店，包括处在地层的公共场所与后勤服务部门的建筑结构定下了框架。

最普通的客房宽度是 3.7 m，在 50 年代中期假日集团率先采用这个标准。书桌、行李架、电视机靠一面墙，中间留有走道。近几十年来，客房的布局发生了许多变化，设计较以往也更为灵活，3.7 m 开间作为一个常用的参照尺度仍然保留下来。

普通客房的开间以不超过 4.1 m 为宜，若大于这个开间，对客房的布置并无多大帮助，而造价却会因此增加很多。然而，若把开间加宽到 4.9 m，则可把床紧贴一面墙，起居和工作区可设在床的对面墙边。倘若加大到 4.9 m 以上，客房卫生间就可以布置豪华，内可设 4 至 5 件家具，门廊亦可增大。

尽管受到结构或场地的限制，房间的进深通常富于变化。其布局往往是浴室、睡眠、工作和白天使用区，这样便可最大限度地利用自然光并欣赏景观。

浴室的面积根据洁具的数量和间距确定。豪华酒店提供单独的梳妆区。

睡眠区长约 2.4 m，可安放一个双人床。若长为 2.9 m，则可安放 2 个单人床。若长 3.7 m，则可安放供两侧通过的 2 个双人床。

白天使用区更灵活一些。2个简单的椅子加咖啡桌占用了大约1.7 m的空间，要想摆设多用途的沙发或扶手长椅时，则长度需增加到2.3 m，这样的空间也可以用于办公或工作。

在客房空间尺度中，层高对客人的感觉也十分重要，中国的酒店建筑设计规范规定：客房的起居、休息部分的净高不应低于2.5 m。有空调时不应低于2.4 m，局部净高不应低于2 m，卫生间和客房内小过道、壁橱内净高不应低于2 m。这反映了既节约经济、又保持舒适的空间尺度的潮流。越高档的酒店，在经济预算许可的范畴内，对层高的尺度会放得更高一些，以满足人在其中活动的舒适性。比如凯宾斯基酒店集团对客房天花板高度的最低高求如下：卧室2.8 m，客房门廊2.5 m。

客房窗台高度和窗的高度同样影响客人对客房的空间感觉。在风景区或有良好景观条件的度假酒店往往采用低窗台，甚至落地窗，一般酒店为安全起见，常采用约900 mm的窗台高度。当客房净高低于2.5 m时，窗台高度常低于800 mm，以改善低矮的空间感觉。

莫斯科大都会酒店

奢侈的三居室套房成就的本案堪称莫斯科给人印象最为深刻的套房之一。宽阔的更衣室里每一件作品、艺术都具有美学与实用的功能。木雕的狮子、扶手椅、钢琴、大方桌、钟表、吊灯，件件物品如同从古老的画中走出来。镀金的法式壁炉架钟表，传承着十九世纪的神韵。

十九世纪意大利艺术家的作品《丰收的葡萄》注定吸引人们的眼球。木雕扶手椅理应值得别样的关注。滑稽的半人半羊的古罗马农牧神端坐于黑色的臂膀。扶手椅的设计可以追溯到十七世纪威尼斯的家具作坊。而本案出现的扶手椅于二十世纪初期创作。

总统套房的卧室清灯幻影。二十世纪初期风格的墙体由现代的艺术家完成。小小的书房配备现代风格的沙发、古董钟表、小方桌和书橱。

二、客房的面积

　　客房面积的大小受到建筑的柱网的间距所制约。在酒店设计中，二十世纪五十年代开始，西方国家特别是美国对酒店客房开间多采用 3.7 m 的宽度，到八十年代，这种方式流传到我国，从那时起，我国酒店的建筑大多采用 7.2 m、7.5 m 的柱网。按照一个柱距摆两间客房的设计来计算，客房的面积为 26 ～ 30 m²，到 90 年代建筑柱网间距扩大到 8 ～ 8.4 m，这时的客房面积也扩大到 36 m² 左右。二十世纪末到本世纪初柱网间距又扩大到 9 m，这时的客房面积为 40 m² 左右。如今，高档酒店柱网间距一般为 10 m，故客房面积增至 50 m² 左右。

　　客房柱网设计尺寸为长 9.9 m× 宽 4.2 m（轴线），建筑层高控制在 3.9 ～ 4.2 m，客房内装修后净高 2.9 ～ 3.1 m，长方形；面积不能小于 36 m²，能增加到 42 m² 更好，将卫生间的使用面积控制在 8 m² 以上，以满足星级评定的硬件要求，同时提高舒适感。

客房的类型

一、单床房

单床房是酒店中面积最小的客房，设计经济适用。单床房在客房中的位置，需要同时处理好结构、立面等问题。或单床房与双床房分开，单独成一翼；或在同一柱网中，双床房在一个开间布置两间，单床房在一个开间里布置三间，分列走廊两侧。

单床房的家具、电器、装修单独配套设计，三者的功能相互结合，尽量压缩空间。单床房仍配置单独使用的有三件洁具的卫生间，这对短期旅游的人是十分重要的条件，使单床房有广泛的客源。同时，卫生间的尺度必须与客房的尺度相适应，紧凑经济，常用盒式卫生间，因空间节约、功能齐全、容易清洁而迅速发展。

单床房稍放大尺度，加一个沙发床即成两用型客房，一般作单床房用，长沙发作会客、休息用，必要时可兼做床位，作双床房用，使客房具有灵活性，这种客房因面积的限制，放置在单、双床房之间，很经济实惠。

新加坡索菲特特色酒店的客房由 Isabelle Miaja 设计，在新加坡酒店客房中别无二致。设计师将豪华法式颓废和精致风情与新加坡的现代风格完美地融合在一起，打造出独一无二的风格与时尚设计。高挑的天花板和拥有宫殿玻璃穹顶图案的定制照明设备以欧洲传统建筑和新加坡现代建筑风格为灵感，为客人营造出梦幻空间。

二、双人床房

　　只设置一张双人床的客房称为双人床房。近年来，随着对人的行为的研究和酒店舒适度的提高，豪华度假酒店的床的宽度纷纷加大，甚至达到国王级尺度（宽）1900 ~ 2 000 mm ×（长）2 050 mm，出现了豪华级酒店中的单床房既是双人床房的情况。

巴厘岛阿美特斯别墅酒店

　　巴厘岛阿美特斯别墅酒店房间内部线条简约，装饰材质以木材为主，优雅的淡色调，有助于情绪的放松和睡眠质量的提高。卧室华丽的床头板、大理石床架、隐藏灯光、巴厘风挑高天花板设计、雕花铸铁床头柜灯、巴厘艺术品……反映出近代的优雅与舒适。

三、标准间

　　占用一个自然间，满足客房的基本功能要求的客房类型被称为标准间。标准间是酒店最基本的房型，单床或双床客房标准间是酒店中基本的房间，可以用两间或三间标准间做成双套房或三间套房，还可以用更多的标准间做成豪华套房或总统套房。设计时往往利用标准层的平面尽端、转角等做成各种套房。高级豪华套房和总统套房往往单独设置在风景优美之处，有单独出入口，避免与其他客人混杂。如希尔顿酒店的标准的双床／大床房（对于新建酒店）尺寸为（宽）4.4 m×（长）8.5 m（净内部尺寸），这包括卫生间和门厅入口过道。睡眠区尺寸为（宽）4.4 m×（长）6.0 m。

　　塞舌尔四季度假村的别墅沿着海岸坡地错落而设，而位于山腰的海景别墅则有着与度假村其他别墅相同的设计，俯瞰印度洋，且拥有近 115 m² 宽敞的户外空间。这处适宜三口之家的居所，内部以自然风格装饰，时刻带给入住者清爽之感。

四、套房

　　建造一定数量的套房是酒店增加客房类型的主要手段。一个起居室连接一个或数个卧室即构成套房。随着套房内间数的增加，从会客室到小餐厅、书房、化妆间等，增加了功能。现代豪华酒店的总统套房犹如一幢豪华别墅，提供当代最新式的设备和精致的室内装修，成为酒店的等级与标志的象征之一。

　　套房的类型很多，如小套房、二套房、三套房、豪华套房、总统套房等。套房的数量和所占的比例因酒店类型而不同。大多数酒店仅有2%～5%的套房配置。高级度假酒店提供10%的套房数量。它们一般位于建筑上层或转角处或是位于建筑结构提供异形房的地方，在那儿可以观赏到更好的风景。

客房设计秉承非洲设计风格，崇尚天然，营造出既呈现部落文化，又和谐、简约的氛围。富现代感的传统设计，糅合淡淡的东方新派气息及缀以部落纺织品、珍贵艺术品、武器收藏、动物角和硬木制品等非洲艺术摆设，令人印象深刻。

（1）豪华套房

在多层的度假酒店中，四间以上组成的套房，位于接近顶层的走廊一端或一侧，具有良好的视野；在低层度假酒店中则往往单独辟出带绿化小庭园的别墅式套间。

豪华套房的设计具有以下特点：

①高度的私密性要求、绝对安全。客人路线与服务流线互不干扰，也有设几个起居室空间便于分区使用和服务。

②豪华套房门的外侧，往往配备几个房间供警卫、秘书、随从等使用，以便工作联系，有的酒店安排二套房或三套房。

房间布局避免单调呆板的走廊两边房间一字排列的模式，吸取别墅、公寓等居住单元灵活、富有人情味又有气派的特点组织平面。

双卧皇室文华套房位于巴黎文华东方酒店顶层，占地面积 350 m²，设有宽敞的主卧室、起居室、餐厅、厨房、吧台、书房、豪华浴室和私人健身房，显得精美别致，豪华大气。套房为错层式布局，采用金色、白色、米黄色、紫红色为主色调，并搭配镀金橡木、大理石、漆器、天鹅绒和丝绸，极具二十世纪三十年代富丽堂皇的格调。套房配备各种定制家具和艺术品，楼梯饰有扭索状金属，而床头采用传奇艺术家曼雷的精美刺绣作品，营造出的整体效果令人惊叹不已。

皇室东方套房融东方设计和西方风格为一体，散发着时尚现代的气息。套房装饰综合利用油漆、天鹅绒、乌木和蚀刻大理石，配以描绘从巴黎向东方迁移的插图。此外，装饰还在吧台上采用手绘鳄鱼，在窗帘上设有花纹图案。底层入口处饰以 Thierry Bisch 的绘有翩翩蝴蝶的精美作品，入口通向起居室、私人用餐区。

（2）总统套房

总统套房往往布置在适当的楼层或小别墅里，配有专用电梯与小电梯厅，兼作专门送餐服务，以保证贵宾安全。别墅式总统套间还设计了为来访客人规定路线与入口的专用会见厅。

总统套房由多个房间组成，可分为两部分：一部分是总统及家人使用的房间，包括总统卧室、夫人卧室、办公室（书房）、会客室、会议室、餐厅、备餐间、小型厨房、康乐室、健身室、室内游泳池等；另一部分是工作人员使用的房间，包括随从房、秘书房、警卫房等。两部分的房间既需要相互独立，又要求能保持密切的联系。工作人员用房的位置可以与总统套房在同一楼层，也可以在总统套房的下一层。当其与总统套房不同层时，应有方便的通道与总统套房联系，最好是专用的通道。小型总统套房中的会客室和会议室可合并设置，或只有会客室，会议室则利用酒店的共有设施。

总统卧室（夫人卧室）及附属的房间，宜设计成一个独立的群体，并设置大门。群体内包括卧室、卫生间、衣帽间、书房、化妆室等。群体之间及对外可通过走道或过厅进行联系。卧室除通往阳台（露台）的门外，宜仅设置一个门，其配套的卫生间、储物间等可采用走道连接。卫生间内要求有自然采光，宜将坐便器、按摩浴缸、桑拿室、储物柜（架）等分区设置。有条件时，宜在卧室、卫生间及衣帽间之间设置化妆室。

总统套房的卧室、办公室、书房、会议室、会客室、餐厅等的面积宜稍大，并不小于豪华套房的面积。主出入口的宽度不宜小于1.8 m，除专门为服务人员使用的通道外，其他通道及房门的宽度不小于1.2 m。所有的门宜配豪华门套，要与酒店装修设计风格相符合。

会客室可细分为两类：一类以公务活动为主，一般设置在入口附近，为面积较大的独立房间；另一类以私人活动为主，设置在夫人（总统）卧室外，面积不大，可利用过厅、走道改造而成。会客室的装饰设计可参照豪华套房的起居室，公务活动为主的会客室宜稳重大方，私人活动为主的会客室可倾向于家庭客厅。会客室的家具主要为沙发组和配套的茶几，数量根据房间的大小和使用性质决定，公务活动时座位较多，私人活动时座位较少。会客室内宜设置能反映酒店装修设计风格特色的装饰物及与之相匹配的艺术品。

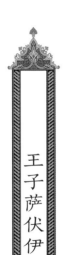

王子萨伏伊酒店

王子萨伏伊酒店的帝王套房
（Imperial Suite）设有一个宽敞
的客厅和卧室，装饰运用了丰富
的天鹅绒、时尚的反光镜和有趣
的艺术品。大理石浴室设有马赛
克墙、按摩浴缸等。设计师注意
到房间内每一个细节的设计，从
鳄鱼皮制家具到典雅的床上用品
都可体现。

王子萨伏伊酒店的总统套房引领王子萨伏伊酒店走向奢华最高点，是意大利酒店的一颗璀璨明珠，内有奢华的卧室、客厅、带壁画天花板的私人泳池及精美雅致的装饰，外有无与伦比的美景。许多家喻户晓的人物，如英国女皇伊丽莎白二世、电影明星乔治·克鲁尼和伍迪·艾伦都曾是酒店的贵宾。

总统套房拥有帝国的风格，采用传统的深色古董家具和豪华织物装饰，色彩浓烈，让视觉冲击应接不暇。优雅的客厅配置壁炉，餐厅装饰着法国水晶、利摩日瓷器和银器。地道的十九世纪威尼斯镜子、穆拉诺玻璃灯和吊灯、大理石和青铜壁灯、传统的十九世纪后期打印品和花岗岩大理石制作的细小物体灯都完成了豪华的定位。

五、别墅群

　　度假酒店别墅群一般被设计成独门独院的度假区，客人可随时随地在景色优美的环境或人工庭院中运动和休闲。这种住宿设施典型的结构是由客房围绕着休闲中心布局或是分散在风景区中，由许多客房单元组成。

　　度假酒店别墅群中的单元房间往往风格迥异以形成个性化和独具特色的情调。建筑的高度通过园林以及保留或栽种的树木进行遮挡以分隔和屏蔽别墅群。别墅群的布局规定依据是：

　　（1）把汽车和服务交通工具同度假活动区分隔开；

　　（2）为行李的运送、房间的维修和服务提供便利的交通；

　　（3）合理化道路和工程服务（水、电、通讯、排水）；

　　（4）在客人住宿区和公共休闲活动区之间创造心旷神怡的氛围；

　　（5）有效利用土地，并在产生最小干扰的情况下，为特殊的扩延留出空间。

　　单元内部结构往往都是标准化的，而且通过可进行用途转换的起居或卧室区、统一的浴室和厨房，进行一个、两个或三个房间的组合。在这里通常可以提供自助式厨房或单独的服务人员以及可供选择的餐厅，有些家庭单元别墅配有多用途的起居室、卧室、浴室和厨房。

　　施工中经常使用体现区域特征的本地建筑材料，但是一般在屋顶形状、墙壁、露台及室内装修上使用。

马尔代夫白马庄园

马尔代夫白马庄园当地阁楼风格的别墅拥有令人印象深刻的宽敞空间以及 7 m 高的大门，全部配有优美的海景，每一栋别墅布置精美的休息室以及室内和室外餐厅，配有 12.5 m 长的私人游泳池，室外休闲区配有泳池露台、沙发床和淋浴，每一个别墅区域都紧挨着私人的白色沙滩、豪华热带花园以及美丽的水上甲板 。

设计师精心巧妙的设计融入自然的景致，结合当地传统文化、当代美学以及酒店周围翠绿茂盛的热带植物，一派轻松的悠闲环境，增添了些许度假的轻松感和浪漫的气息。

六、残疾人客房

随着社会文明的发展，许多发达国家对残疾人的权益、处境日益关注。近年，欧洲出现了专供残疾人使用的酒店。在较高级酒店中也出现供残疾人专用的客房。现在习惯上，房间总数的1%～2%必须安装特殊设备以供残疾人使用。

我国《旅馆建筑设计规范》指出："酒店建筑的坡道、出入口、走道应满足使用轮椅者的要求。"我国"评定旅游涉外酒店星级的规定和标准"中，对从三星到五星的酒店都要求设残疾人设施：门厅有残疾人出入坡道，有专为残疾人服务的客房，房间内设备要能满足残疾人生活起居的一般要求。因此，对残疾人的客房设计应予以重视。

位置：非卧床的残疾人使用的房间通常位于地面楼层或由指定路线通过电梯很容易到达的位置。坡度不应超过1：20，而且门槛上应安装过渡条。

走廊：走廊应至少宽915 mm，而且门全部敞开的宽度是815 mm，厅应该比门锁边宽出460 mm。门和衣柜的距离要么很短，要么有吊轮，而且搁板的高度不超过1.37 m。

浴室：由于要求浴室有1.52 m的中央转弯的空间，这样浴室的宽度增加到2.75 m，这也许需要移走一张床。梳妆台的高度应该是860 mm，可容纳下膝盖的空间。镜子应向下延长至1 m。在淋浴和卫生间的边侧安装扶手，作为一个折中的办法，坐便器的高度通常是430 mm。卫生间宜选用白色卫生洁具，不宜采用黄色或红色。白色不仅视觉清洁，而且易于随时发现老年人的某些病变。浴缸选用平底防滑式浅浴缸。冷、热水混合式龙头宜选用杆式或掀压式开关。为了使残疾人或老年人在卫生间发生意外时能及时被发现和救助，卫生间门宜设平开门，门扇向外开启，留有观察口，安装双向启的插销。

卧室：在家具重新摆放和调整后，标准宽度为3.65 m的卧室是适于残疾人使用的。坐在轮椅上的视线高度是1.07～1.37 m，因此开关的高度应为1.2 m，床与家具间距离是910 mm。床的最佳高度是450～500 mm，床下应有放脚的空间。窗台的高度最好在610 mm左右，便于欣赏窗外的风景。

残疾人客房还有一些特殊的设计是专门为满足他们的需要而做的，像浴室要比标准的大，必须方便残疾人方便到达。但有趣的是，很多客人对这些特殊的设计感兴趣。如门上杆式把手、浴室手持喷头、电视机上超大号按钮等，酒店的设计人员也意识到大众化设计的好处，正加大力度关注这方面的设计。

以某五星级酒店集团的残疾人客房为例，其设计也具有相应的规定和标准：进出酒店及餐饮设施的道路必须畅通无阻。旋转门不能是进出酒店的唯一通道。如必须设置坡道，则坡度不得超过6%，作为选择，必须安装额外的电梯或平台。

残疾顾客能够进出的所有区域的门最小宽度为90 cm。

残疾顾客房间必须位于客房楼层的最底层（一旦发生紧急情况利于疏散）；始终同常规的标准间相连（大床间／大床间）；靠近电梯。

此外，睡床一侧前必须有最小为1.50 m×1.50 m的未占用区域，并且所有设备和家具（例如桌子、电视、小酒吧等）前必须有最小为1.2 m的未占用区域。

浴室内梳妆盥洗台前必须有最小为1.50 m×1.50 m的未占用区域。组合式梳妆盥洗盆的设计必须能使轮椅放置其下（最小深度30 cm，最小高度67 cm）。盥洗盆最高不超过80 cm。安装的镜子要保证坐着和站着都能看到。

厕所左右两侧必须有最小为95 cm的未占用区域，深度不低于70 cm。厕所左右两侧的扶手高度必须达到85 cm，并且必须可折叠、直立以及锁定。

淋浴器必须能够使轮椅靠近，并不得有台阶。必须安装扶手，且扶手高度为85 cm。

淋浴器必须配备可折叠的固定式或移动式淋浴底座。

必须在床侧以及浴室内安装报警按钮。

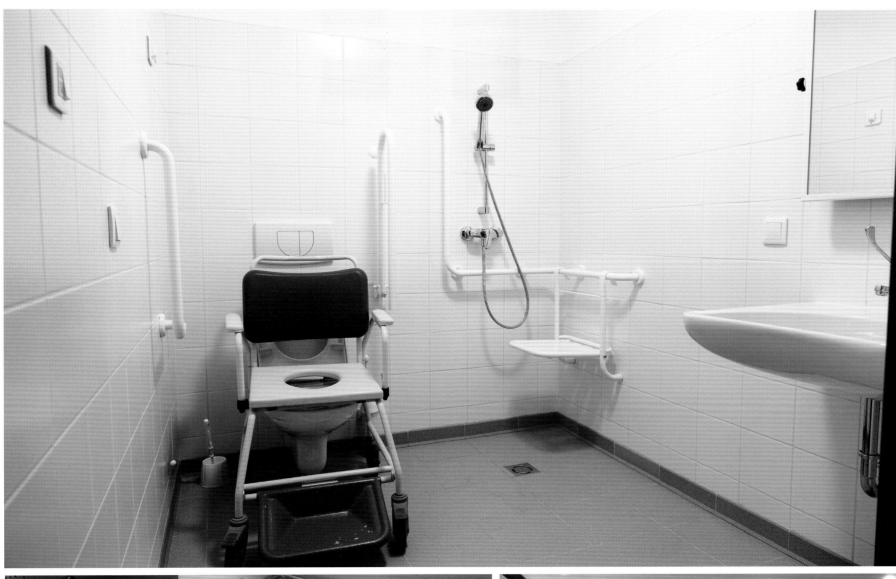

客房卧室
配置标准

配置 ＼ 酒店分类	奢侈或高档型酒店	精品型酒店	度假型酒店
闭门器	嵌入式		
节能装置	配备智控系统		
衣橱	考虑步入式设计	需带灯光	需带灯光
保险箱	可放置电脑及充电设备		
写字台	独立式带抽屉，配上网及数据信号接口、两种国家制式不间断充电插座	独立式带抽屉，配上网接口、充电插座	独立式带抽屉，配上网及数据信号接口、不间断充电插座
电话机（床头、写字台、卫生间）	配备3部，设一键式服务按钮，有语音信箱及留言灯，可考虑无线话机	配备2部	配备2部
洁具及五金	国际品牌	合资品牌	国际品牌
电视（平板）	预设音视频接口，推荐使用交互式VOD数字信息服务系统，三种以上外语频道	两种以上外语频道	两种以上外语频道
迷你吧	配低音带锁冰箱、电热水壶、免费赠饮及与所配饮品相配套的杯具	配冰箱、电热水壶	配低音带锁冰箱，电热水壶，免费赠饮及与所配饮品相配套的杯具
窗帘	有外层遮光、纱帘、内层装饰三层，可设遥控或床头自动控制	可按卷帘设计	有外层遮光、纱帘、内层装饰三层
空调	中央空调，有冷暖功能，低噪音	有空调，但禁止外露式设计，具冷暖功能，低噪音	中央或分区控制空调，低噪音
灯光	有总控开关，情景灯光控制	有总控开关	有总控开关
化妆	配吹风机、防雾式化妆放大镜、全身镜、不间断充电插座	配化妆镜、全身镜、吹风机	吹风机、化妆放大镜、全身镜、不间断充电插座
艺术陈设	需有室内小型插花或植物、主题挂画或装饰	有主题挂画或装饰	需有室外阳台花卉或植物、主题挂画或装饰
走廊	宽度2m以上	宽度1.8m以上	宽度1.8m以上

玛雅哥巴悦榕庄酒店

客人的舒适性是设计优先需要考虑的问题。超越客人的期望：取悦各类感官。在设计方面，鼓励使用比例学、几何学、空间学、平衡、对比、颜色、材质与细节等基本原理。总面积达 275 m² 的 Suite Imperiale 是巴黎香格里拉酒店唯一一间被列为法国文化遗产的客房。受 Roland 王子时代地道图案的启发，套房在室内装饰细节上体现了那个时代的风格，主卧室以高雅的蓝色调进行装饰。该套房的豪华装修和宽敞空间体现了住在城堡私人侧屋中的舒适感和尊贵待遇。

格瑞斯北京
（Grace Beijing）
客房设计别具风
格，以当代方式演
绎明朝的美学，并
缀以大量令人瞩目
的现代家具和现代
艺术品，为客人提
供独特的居住体
验。

客房楼层的动线及布局

客房标准层总面积占整个酒店面积的 65% ~ 85%。如果能够在各层的设计中节省面积，整栋酒店带来的效益将会十分可观。所以在设计中要千方百计地增加客房数量，将流通和辅助面积减少到最低程度。这是酒店设计中极为关键的一环。

客房标准层是由三大部分组成：大量客房与垂直交通厅（包括位置适中的可用电梯和服务电梯、符合建筑法规的疏散楼梯）和联系客房与交通厅的水平走廊。此外，还要有一些服务间和放置电器和电话的设备间。

一、客房走道的设计

客房的走道最好给客人营造一种安静安全的气氛。走道的门可作凹入墙面设计，凹入处可使客人开门驻留时不影响其他客人的行走。但切忌凹入太深，最好控制在 450 mm 左右，过深会让别的客人由门前经过时因客人出门受到惊吓而失去安全感；灯光设计要求柔和且没有眩光，可采用壁光或墙边光反射照明，这样既避免照度过分明亮，也不至于昏暗。在门的上方可设计开门灯，使客人感到服务的周到。

客房走道地面、墙面的材料要考虑易于维护和延长使用寿命。走道尽量避免选用浅色的地毯，而要选择耐脏耐用的地毯；墙边的踢脚板可适当做高至 200 cm，以免行李推车的边撞到墙纸；有的酒店客房走道甚至还设计了防撞的护墙板，也起到扶手的作用。如此，既防止使用过程中的无意损坏，也为老年人提供了行走上的方便。

天花板不宜做得太复杂，空高也不宜太高或过矮，一般不高于 2.6 m，不低于 2.1 m。客房入口门上的猫眼不宜太高，要考虑身材不高的人和未成年人的使用因素。如希尔顿酒店会在客房入口门上安装抗干扰 180° 单向猫眼，猫眼安装在地板完成面标高 1.5 m 处。

二、客房标准层的交通厅

交通核心筒的设计极为重要，其布局要遵守两个基本原则。首先，位置要适中，便于客人尽快地到达客房，切忌将交通厅布置在长条形平面的尽端，或使走道很长或迂回曲折。第二，尽可能集中布置，避免分散布置，便于客人寻找，避免让人来回走冤枉路。有的酒店交通厅分成两处，相隔较远。

交通厅除了必要的客梯外，一般还要布置服务梯、疏散楼梯、通风管道和需要的机房等。

酒店的电梯（包括客梯和服务梯）数量的多少和酒店的规模、星级有关。电梯的系统设计有赖于对服务标准、载客高峰、电梯台数、容量和速度等进行分析计算。一般说来，按每 5 分钟运送宾客的 12% ~ 15% 来考虑，但对人流集中的会议厅、多功能厅、宴会厅、展览厅等来说，要考虑另外设置交通运输工具。

伦敦文华东方酒店

三、客房标准层的水平走廊

标准客房层的水平走廊，双面房间中间走廊最小宽度为 1.5 m，单面房间走廊最小宽度为 1.3 m。走廊净高一般在 2.2 m 左右，五星级或以上酒店的走廊净高会更高一些。比如凯宾斯基酒店的走廊天花板最低尺寸为 2.6 m。

四、客房楼群的平面布局

（1）分散式布局

一般低层度假酒店多采用这种方式。它们往往依山傍水，占地面积大，客房结合环境和地形或以庭园式布局，客房群之间联系松散，呈开放或半开放的与环境交融的空间模式。

在山区和海滨地区，许多度假酒店实际上是以成组的低层单元环绕着自然景观面，分散布置客房，尽量降低对环境的拥挤程度。有的低层酒店客房随着水平交通路线而延伸布置，逐渐展现庭园的佳境。同时，常在客房的结合处或几何中心点设置服务间，以便及时提供客房服务。

（2）集中式布局

商务酒店及高层度假酒店因为观景的需要多采用集中式布局。多层客房最经济的布局方法是直线型平面，中间走道，两边客房。根据基地的形状大小，基本的平面局部还可以扩充成集中线形模式。

在很多情况下最大限度地充分利用基地的景观极为重要，例如面向大海或河道景观。为了达到这个目的，许多客房群常常做成有一定角度的，以保证大多数客房位于景观有利的一面。在平面布局中，可以通过局部或全部风格一致的办法把中心使用部分布置成一个内院或门厅。在这个区域范围内，无论是地面层或者是屋顶都可以建造花园、游泳池或其他趣味场所。这类客房布局为朝向内院的客房产生一种具有吸引力的景观，弥补了视线无法朝外的损失。

（3）分散集中相结合的布局

现在度假酒店客房由于建筑上的原因以及为了满足不同的市场需求，多趋于多样的建筑形式之间的平衡。主要的酒店建筑物（客房主体部分）一般设计成突出的多层建筑物，成为一个使人感兴趣的视觉中心，而家庭或团体用的单元客房、别墅和其他度假单元都是二三层高的建筑，可以一栋栋分开或者用平台和廊子联系在一起。这种布局一般用在有休息场所和娱乐设施的风景度假酒店。

客房家具的选择及组合是客房设计中很重要的一项工作，因客房尺度的确定也是以家具的配置和组合为依据的，客房的特色设计很大部分也是体现在其家具和装饰品的设计上。

一、床

床的规模和数量很大程度上决定了房间的面积和布局。床的高度以床垫面离地 450 ~ 500 mm 为宜。高一些的床看起来更舒适而且整理起来更容易，用较低的无靠背长沙发做床用可使空间更宽敞。安装滑轮或形成角度以便于移动。床下部距地面至少 220 mm，以留出空间供清洁和检查使用。床头板通常 900 ~ 1 000 mm 高，上有镶框并加上衬垫，造型为直线型或其他形状与房间全套设施相配。床的基本特征如下：

舒适：床垫和床板的装潢适量。

耐用性：包括边缘加固、形状的保持。

安静：没有接触处和弹簧等发出的噪声。

标准化：可以进行内部交换和更新。

安全：阻燃、无火灾和烟气危险。

储存：可拆卸、易安装、防霉。

某五星级酒店集团要求客房最低床高度为 610 mm，包括泡沫床垫、盒式弹簧、床架以及底板的高度。床架高度为 180 mm，为钢制床架，涂防锈漆。床腿安装塑料滑道。

清迈黛兰塔维度假酒店的皇家行宫（Royal Residence）一如皇家宫闱一般，644 m²，可入住 12 人，再现了皇家尊荣。由 6 间兰纳风格的建筑组成，这处融合泰北及皇家兰纳风潮的寓所拥有莲花池、葱郁的私家园林及从清迈古寺清曼寺（Chiang Man）请回的真人等身大小的大象石雕。

印度 Yoopune 酒店由被誉为鬼才设计师的 Philippe Starck 设计，典雅的客房突出华丽别致的感觉，细节中加入时尚元素，设计感尤为突出。例如，餐厅上方的天花板，除了悬吊的水晶灯外，更加入拖鞋图案的点缀，优雅中不失生活情趣，Starck 用他的巧妙设计展现出生活中的幽默感。此外，根据空间的不同，Starck 在地面材质的选择上也有所区别，用材质的转换强调出不同空间的使用功能。高挑的客厅空间用大理石面瓷砖映衬出高贵感，而彰显温馨的卧室则以木质地板装饰地面，温暖和舒适是那里的主题。

塞米亚克 W 水疗度假酒店的双卧室顶级惊喜套房位于最高层的复式设计，以黄色、白色为主色调，让您感受至高无上的现代奢华。推开滑动门，起居室内各种精美便利设施便呈现在您眼前，如特别为这一空间设计的由水母、睡莲叶子和荷花图案点缀装饰的水上帘幕和神秘幻影。

塞米亚克 W 水疗度假酒店这间隔音效果极佳的天堂幽居采用花语呢喃主题设计和充满活力的紫色色调，生动有趣的图案与木地板和水磨石地板交相辉映，BOSE 环绕音响系统更是为您的视听之旅锦上添花。

二、家具

　　客房中悬挂和储藏的空间以及其他家具取决于酒店的档次、共用房间的人数以及逗留的时间。酒店中家具的使用频率很高，比家庭用的家具更容易磨损和破坏，因而它们的规格也要求严格一些。

　　悬挂和储藏空间以及其他家具

双人／标准间	高级酒店	最佳／最小尺寸
悬挂空间：衣柜长度	1 200 mm	内深 560 mm、栏杆高度 160 mm、上搁板 1 750 mm
储藏空间：隔板、隔底盘	1.5 m²	搁板高度最少 200 mm、在较高位置增加到 300 ~ 400 mm，隔底盘深 100 mm
写字台和梳妆台（带抽屉）	1 m²	深度最少 400 mm、深 500 mm、宽 900 mm
床头柜	每侧	最小宽度 375 mm、最大 600 mm、高度 600 ~ 700 mm，与床的高度相关
散椅	2 ~ 3 个	椅子：轻便、小巧、有装潢
散桌	1 个	桌子：圆或方形

巴塞罗那文华东方酒店客房空间宽敞，将现代审美、豪华、舒适轻松融为一体。透过落地窗可欣赏 Mimosa 花园或巴塞罗那最著名的林荫大道 Passeig de Gràcia 的优美风景，房间光线充足，让客人尽享真正意义上的宁静与空间感。订制的编织地毯、轻质木地板、皮革家具、豪华床单、白色墙壁和时尚灯具，所有这一切都使客房既彰显现代气息，又具有一丝东方韵味。与设有一个小型起居区的卧室相邻的是同样富丽堂皇的浴室；浴室采用不透明玻璃围成，配备一个引人注目的大型步入式淋浴系统、设计浴缸、独立卫生间和超大梳妆盥洗盆。

巴塞罗纳文华东方酒店

三、装饰品

　　地毯：在中等（高级酒店铺在走廊）酒店中铺设的地毯用暗色和图案掩饰印记和色差。

　　窗帘：悬挂带网眼和衬里的百褶窗帘，有效抵御阳光的照射，不易褪色和起皱。

　　床垫：设计和谐，配饰整齐，防污以及不会因频繁使用而导致磨损。

　　床单：每床配备4～5套，以备换洗。

　　毛巾：淋浴、洗手和洗脸用毛巾以及地板垫。毛巾可以织上酒店的主体图案。

苏梅岛 W 度假酒店的丛林绿洲套房（Jungle Oasis）在设计上，以透明落地窗让室内外空间相互延伸交融。而在色系搭配方面，则以原木自然色、白色、灰色，配上提点出热情活力的鲜红色进行装点。从沙发靠枕、丝绸台灯、橱柜到墙架，个性化的设施完美地搭配了定制的家具。

四、其他配件

镜子：镜子的上边或附近安装带罩的灯具。浴室里的镜子可以增加宽敞的空间错觉。

灯具：安装在床头、梳妆台上边、起居室中以及门厅和衣柜中。

特色：花盆、装饰性工艺品。

饮料冰箱：安装在壁橱中与整体房间装饰相协调。

落地电视：位于墙支架上或可以转动以便于调整。

保险箱：位于衣柜中或镶嵌在墙上，程序化。

电话：通常位于床头、休息厅（套房）设分机。

传真：终端安装在工作台附近。

计算机：电源安装在工作台之上或之下。

垃圾筒：与房间的整体设计相协调。

上海国金汇公寓

由傅厚民打造的上海国金汇公寓豪华套房，运用大面积玻璃幕墙，引景入室，将环绕小陆家嘴的非凡景致与室内的奢华舒适融为一体，营造移步换景的诗意画面。温馨舒适的居住空间与奢华气派的会客区域完美结合，令住户的社交生活尽显超凡生活气派。

南沙滩 W 酒店

南沙滩 W 酒店客房拥有 2.7 m 高的天花，宽大的玻璃阳台尽观沙滩与汹涌的大西洋波涛，无与伦比。一流的酒店，现代有型的生活。生活、休息睡眠区以白色的地板，全高的木质屏风书写轮廓。地面，一溜儿的白色地砖显得光滑、精致。纯平等离子电视前摆放着现代的意大利钢构灰色沙发，让客人在外出之前，心情得到了很好的过渡。传奇摇滚巨星 Danny Clinch 的画像则是两位知名艺术家 Missy Elliot 与 Elvis Costello 的大作。其装饰运用于包括电梯在内的所有客房的墙面。

五、五星级酒店的一些配置细节

酒店客房的配置，越是高规格的酒店，在尺度上越宽松，享受上越舒适，配备上越先进，细节上越完备。某五星级酒店集团的客房配置部分细节如下：

（1）壁橱

要有足够的存储空间，以便存放顾客的行李、备用枕头、毯子及夜床服务用品；

套房需有可进入式壁橱；

嵌入式壁橱内部包括一个橱柜、一个搁物架和抽屉；

最小净深：60 cm

杆下最低高度：170 cm

壁橱最小宽度：140 cm

提供存放可折叠行李架的空间：高75 cm，长60 cm

壁橱的门悬于上方，可滑动或转动，若位于入口的话，要避免和入口门发生冲突；

壁橱门在内部有特殊衬垫，防止其猛烈撞击内部木制品，这有助于将临近的噪音最小化；

在壁橱的一端装有两个挂长袍的双钩和一个领带夹；

在壁橱的一侧装有衣帽用装置，在其下面还有两个小的单钩——一个供鞋拔用，另一个供衣服刷子；

每个壁橱必须装有内部照明灯，由门框上的一个按压开关控制。当壁橱有三个或以上的门时，至少要在两扇门上安装按压开关。

（2）行李架

需要一个固定行李架，行李架下方有足够的存储空间，能够存放两个标准大小的手提箱；

须保护行李架后侧及其附近的墙面／表层不受损坏；

最小宽度：120 cm。

（3）床、床头柜、床头、床椅或柜子

单人床：120 cm × 210 cm

双人床：160 cm × 210 cm

加宽双人床：200 cm × 210 cm

床高：59 cm

床头柜高：60 ～ 65 cm，床头柜宽60 cm

床头是一个独立单元，应由可清洁材料做成，如紧密材料（禁用皮革）；

床头两端须装有冷灯泡型灯；

床尾放一个床椅或柜子（可放床单和装饰性枕头）；

至少两个扶手椅，或一个扶手椅和一个沙发；

构造应坚韧并防火。

（4）桌椅

大号办公桌（最小：140 cm × 76 cm），桌椅扶手必须低于桌子，且不能与其碰触。

（5）化妆室

空间允许的话，可配化妆室，根据需要设镜子、脸部照明设备和抽屉。

（6）镜子

设在入口处，有适当照明设计的墙面挂式全身穿衣镜（最小尺寸120 cm × 45 cm）。

（7）窗户

全部客房卧室的窗户都要求有一个可开关部分。打开部件的类型，如铰链、侧挂窗架或滑槽，取决于建筑师所给的开窗设计细节；

窗户的关闭和锁定装置要设计成能将窗户完全关上并封闭。在高而窄的铰链式窗户上要有两个关闭和锁定装置。竖铰式窗户必须有一个装置来限制窗户开至 127 mm 处，而对于滑移式窗户则为了安全，必须装有窗栅；

所有的平台落地滑门都必须装有圆柱形锁，用以保证安全。除了使用磁卡钥匙系统的地方以外，柱形锁应用房间入口的同一把钥匙来开启。在内侧还应装有手指旋钮；

滑移阳台门高度应不小于 2 438 mm，宽度也不应小于 24 38 mm；

对于所有的窗户和阳台门都应装有纱窗或纱门；

在装设实体构件时，其位置布局要特别注意宾客的视线问题；

在窗户下面安装暖气设备时，其基台不能超过地平面以上 508 mm，应尽可能低一些。在不设暖气设备处，窗户应达地面；

在采用滑移式透气口板来代替围板时，为了在外面滑门开启时更保险，应在透气口板上装上锁；

在风景区所有的房间都必须有直接的开阔视野。

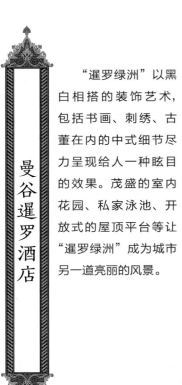

"暹罗绿洲"以黑白相搭的装饰艺术，包括书画、刺绣、古董在内的中式细节尽力呈现给人一种眩目的效果。茂盛的室内花园、私家泳池、开放式的屋顶平台等让"暹罗绿洲"成为城市另一道亮丽的风景。

成都钓鱼台精品酒店

成都钓鱼台精品酒店45间客房错落有致地分布在两座中式庭院中，客房的面积大小不一，但是设计师为了给客人更舒适难忘的入住体验，所有客房或时尚大方、别具一格，或细致入微、精湛唯美。每间客房的屋顶都沿着原有屋顶的形状被设计成波浪形，增加了房间的高度，让客人的视野更开阔。每个房间都保留原有的中式窗户，增加了酒店的古典韵味。客人可以开窗远眺，欣赏老街区的建筑和美景。45间客房共16种房型，四个主题色，客人到达这座东方庭院，推开房门时就能体验到时光穿越的感觉。

卓美亚河畔酒店的 Triplex Penthouse Suite 面 积 270 ~ 480 m²，采用别具一格的优雅装饰，设计大胆巧妙，色彩绚丽斑斓，彰显酒店的无限活力。套房坐拥迪拜绚烂天空的惊艳美景，可与两间附加卧室连通，宽敞的空间营造出温馨舒适的氛围。

客房灯光设计

客房是酒店的核心区域，主要以休息为主，其照明设计要体现温馨和轻松，并以相对较低的照度来实现宁静、安逸的睡眠氛围，故防眩光在客房运用显得十分重要。书桌采用台灯作为局部照明，以便商务文件的处理；梳妆镜前照明采用显色性良好的镜前灯；床头阅读照明可采用壁灯或台灯，配备可调光源。

星级酒店客房的照明控制系统与以往不同，比如四季酒店的客房灯光，采用非常人性化的开关面板的方式控制，客人入住客房，就像在自己家中一样，通过开关面板控制客房内的照明灯具。控制面板还会根据酒店管理方提出的要求刻上各种照明场景的字样，如"MORNING""NIGHT"等标志。

受中国建筑风格的启发，澳门悦榕庄将古代传统与最现代化的家具相搭配。所有套房及别墅的设计均洋溢东方特色，设计层高都很高且室内装潢华丽，房间色调以象征吉祥的朱红色调来点缀。卧室区灯光照度相对于餐厅等公共区域而言，照度相对较低，力求营造出温馨、轻松的睡眠氛围。

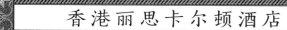

香港丽思卡尔顿酒店

套房设计取"浓墨重彩"的主题，奢华之中见深意。室内的花卉图案地毯、以现代方式演绎的中国传统家私和艺术品陈设展现了浓厚与和谐地道的东方文化特质。为突出房间的温馨氛围，设计应用路创创煌家智能灯光控制系统，在早晚为宾客营造完美的灯光氛围。由于该系统的人工逻辑，顾客一进入房间即可通过同一个按钮在白天或夜晚实现不同的灯光场景。白天，灯光只会在房间比较暗的区域亮起，窗帘会自动打开；夜晚窗帘会自动拉上，房间顿时充满温馨的灯光。

卓美亚 Etihad Towers 酒店（Jumeirah Emirates Towers）
的皇家套房独占两层华丽楼层，特色鲜明，带来真正宫殿般的奢华
体验。三间卧室提供私密奢华的空间，每间卧室均有各自的更衣室
和按摩浴缸。还可免费享用行政酒廊，继续享受套房之外的愉悦。

客房的
物理环境设计

客房提供的健康的物质条件包括适当地控制视觉、听觉与热感觉等环境刺激，即隔声、空调、采光与通风等。

一、隔音

1. 客房噪声来源

室外噪声源、城市环境噪声。

相邻客房噪声源：电视机、空调机、电冰箱、电话、门铃、旅客谈话、壁柜取物、门扇开关、扯动窗帘等。

客房内部噪声源：上下水管流水、大便器盖碰撞、扯动浴帘、淋浴、空调器及冰箱等。

走廊噪声源：客房门开关、旅客谈话、服务小车推动、电梯上下及电梯门开关等。

其他噪声源：空调机房、排风或新风机房及其他公众活动用房等。

在建筑不同部位的隔音设置标准如下表：

噪音音源	噪音侵入	最低隔音指标（dB）
走廊	客房	40（门本身 =37）
客房（或浴室）	隔壁客房（或浴室）	53
泳场或浴室	客房或相连接的公共场所	59
娱乐活动室	客房或相连接的公共场所	59
外部	客房	30
机器设备	客房	30

此外，还要控制撞击噪音，如客房上下楼之间的噪音，为此必须加厚地板表层以降低噪音，使之至少降到 24 dB。

巴黎莫里斯酒店

这套房号 102 的总统公寓由皇家套房改造而成，是昔日萨尔瓦多·达利下榻的地方。公寓以凡尔赛风格打造，宽敞的落地窗、璀璨的水晶吊灯、精致的古典家具，彰显出雍容华贵的气质。娇艳的玫瑰红就如达利那天马行空般的思想，带给人以活力。

而高级套房路易十六风格的家具融入现代舒适的氛围，居所高级材质的摆设亦散发迷人而又华贵的气息。

2. 客房设计中应重视隔声问题

（1）隔墙

隔墙如果选用有较好隔音效果的材质，就能达到如卡拉 OK 房、录音棚那样的隔音效果。轻钢龙骨石膏板材系列就是这样一种把隔声和装饰功能结合起来的新型建材，具有优异的吸音性能并有阻燃防火的作用，能成功解决客房隔墙的隔声问题。以往客房隔墙通常采用各类混凝土砌体墙、外贴苯板或轻钢龙骨单板衬吸声棉的做法，虽然这样也能满足与轻钢龙骨体系相同的隔声量，但由于墙体单位面积荷载较大，同时还占用建筑面积，因此综合性价比还是轻钢龙骨石膏板材系列较为优越。

希尔顿酒店的隔墙采用额定值至少为一小时的耐火结构，且隔声等级为 52 dB 或更高，或达到当地对应于国际标准的同等要求。槽墙的隔声等级为 50 dB 或更高。同一客房内的卫生间隔墙的隔声等级为 45 dB 或更高。

（2）门

一般来说，噪声级在 50 dB 以下时，人们感觉是安静的，到 80 dB 左右就认为较吵闹，而到 100 dB 时就感到非常吵闹，当达到 120 dB 时耳朵就难以忍受了。门的隔声能力主要取决于其自身的隔声性能和密封程度，常规的木质防火门隔声量远不能满足这样的要求，所以设计通常会采用 50 mm 厚的实心木门，并应用槽口、门封条、门底封等构造措施，使实测隔声量达到 28 dB，客房内的连通门则应使组合实测隔声量达到 45 dB。

这套总统公寓位于酒店 1 层，同样以凡尔赛风格打造，高挑的天花板、宽敞落地窗及精致古典家具，展现出奢华的皇家气派，为人称羡。总统公寓可互相串联的设计极大增加了入住人数及空间面积，可谓巴黎极致奢华之所。

以门底封为例，当房门从开启状态转为关闭状态时，门底封就自然垂落将门底缝隙阻隔。这样既不影响房门开阖，同时又能很好避免走廊上的声音由门底缝隙传入客房的状况。

除此之外，还需特别注意的是，门框与墙体间的空隙必须严密封堵，只有将所有细节考虑周到，才能使隔声处理没有漏洞。

（3）玻璃幕墙

玻璃幕墙是由两层或多层浮法玻璃构成，四周用高强度、气密性好的复合粘剂将两片或多片玻璃与铝合金框或橡皮条粘合而使得玻璃密封，在留出的空间中，充入惰性气体以获取优良的隔热隔音性能。由于玻璃间内封存的空气或气体对热量和声音的衰减，因而产生优越的隔热和隔音效果。

塔楼客房层的玻璃幕墙通常会采用一级（及以上）隔声级别的 LOW-E 中空镀膜玻璃，客房层还必须妥善处理幕墙层间的传声，所有幕墙层间的衔接部位都要增设上下两层橡胶隔声垫层施行封堵，而竖向幕墙立挺与墙体的打胶密封则均要保证灌胶密实处理。

（4）其他设施

由于客房电冰箱的噪声通常为 32 ~ 50 dB，在冰箱运行制冷时尤其明显，为避免这种启动噪声的干扰和磁波污染，有的酒店"将冰箱放在柜子内"，让住客休息得更好更健康。另外，客房空调风机盘管的马达声通常也是噪音源之一。现在，酒店采用静音系列的风机盘管，用弹簧吊架吊挂风机盘管，并将新风管或排风井辅以玻璃棉衬或安装消声器，这样，噪声在客房内就能被控制在环境评价值 32 dB 的范围内。

而在卫生间，坐便器的冲水噪声是主要问题，对住客及邻近客房都有不同程度的干扰，因此不少豪华酒店开始使用静音马桶。同时，有些高端酒店的排水管不光设立专用的通气管，还采用一种共轭通气的特殊方式，以消除排水管内流速过快而引起的啸叫声，同时减轻管道的振动传声。

（5）特殊区域的声学设计

当个别客房的上层或四周为机电设备机房或公众区域时，为了让这些客房的住客也能享有安静的住宿环境，就需要针对不同区域的特点进行加强隔声处理。

柏林凯宾斯基酒店

柏林凯宾斯基酒店的皇家套房设计运用米色、红色、金棕色和金色这样的颜色组合令房间笼罩上了一圈高贵的圣光，深色橡木镶板地板、高价樱桃木护墙板，以及覆盖四壁的名贵丝绸，这些昂贵的材料来自 Sahco Hesslein、Creation Baumann、Voigtlander 等德国产商，以及 Etro 这些意大利品牌。

设计中通常采取的措施首先是控制固体传声，其次是控制空气传声。除限制设备本身噪声分贝数以外，还可以采用弹簧减振器（垫）、浮动基座和弹簧吊架等来控制固体传声，采用吸声棉来控制空气传声。此外，还可以在下层客房采用隔声天花。同时，与门、玻璃幕墙等部位的隔音处理原则相同，墙体与天花连接的缝隙必须以玻璃棉填塞并且用非硬化密封胶妥善密封。

如果位于客房上层的是俱乐部，为了减轻俱乐部乐队演奏对客房的干扰，这就需要在俱乐部区域全层采取隔声处理（地毯区域除外）。其中需要特别注意的细节是，地坪面层与竖直墙面交接处的断开可通过垫泡沫隔离板来处理，而附着于墙体的装饰墙龙骨搭接节点应作铰接处理。

如果是健身区域，可以采用专业健身弹性木地台做地坪，并安装在专业隔振胶粒上，而跑步器及举重台就需要额外提供弹性软垫。

还有一个重要的公众区域就是电梯。电梯轿厢在电梯井道运行时也会产生通风啸叫声，所以需要在井道内设置通风口来减低气压，避免啸叫。

澳门金丽华酒店

　　澳门金丽华酒店景观总统套房有豪华的双卧室、大客厅、起居室和餐厅，还有私人厨房和两间浴室。在总统套房中可欣赏美丽的度假村花园景观，后方则是闪闪发光的中国南海。该套房位于酒店的最高楼层，不但景观美丽，装潢设计也采用高雅的东方面料和柚木家具。套房中有四个独立阳台，可让宾客一览周围美丽景致，还有大型起居室和六人座餐桌。

澳门金丽华酒店豪华澳门套房是该酒店最令人印象深刻的客房，设计宏伟的套房中处处散发着低调的优雅。套房内的设计搭配着美丽的葡萄牙面料、柔软的地毯和迷人的柚木家具。房内设施包括厨房、宽敞的客厅、大型起居室以及六人餐桌。

二、 日照与照度

（1）日照

太阳辐射既产生热能又能灭菌健身，对客房卫生有利，度假酒店特别是温泉度假酒店、滑雪度假酒店等对日照的要求都比较高，一般要达到住宅日照的水准。

（2）照度

一间良好的客房，其舒适、愉快的视觉环境是由室内设计与照明综合创造的。

客房照度包括客房与卫生间的照度。按照国际照明学会标准，客房照度为 100 lx。我国规定指出一、二级酒店客房为 75 ~ 100 lx；三、四级为 50 ~ 75 lx；五级为 30 ~ 50 lx。

国际上也有推荐客房内分区照明的方法，客房照度 50 ~ 100 lx，阅读空间的照度标准更高。

近年来，随着人们对卫生间重视程度的提高，其照度也越来越高。国际照明学会的标准是 70 lx，实际多数大于 100 lx，有的豪华客房卫生间在游客面部的照度大于 200 lx。我国规定：一、二级酒店客房卫生间为 150 ~ 200 lx；三、四级为 100 ~ 150 lx；五级为 75 ~ 100 lx。

卫生间常配置长条扩散型灯具，安装位置须使镜内看不到灯具，常在镜的上方，尽量紧贴镜面使光线明亮而柔和。

曼谷暹罗酒店

曼谷暹罗酒店极富艺术感的湄南套房外隐约可见湄南河景，这处弥漫高雅气质的套房拥有高挑的天花板，因此空间也显得极为宽敞。

踏踏套房不仅适合于以四海为家的游客，也适合世界各国的达官显贵。套房设计的理念源于其奠基人 Tata，是对视野、观念的礼赞，同时也成为印度民族热情好客的又一象征。周到的服务、现代的奢华，天下无双。

604 m² 的开阔空间，到处是完美的设计、有型的图案，宏伟大气。丰富的装饰，优雅、现代的剪影与细节创造了一个与众不同的奢华公馆。现代的设计中有着对世家的传承。家具、陈设的精湛工艺，醒目的色彩搭配，精心挑选的物品彰显细部的考究。

伊瑚鲁悦椿度假村

客房布局简单，利用矮墙和窗格屏风将休息区和生活区区分开来，使空间既得到最大限度的利用，又有充足的光线，给人明亮宽敞的感觉。房间内饰采用精致的装饰搭配泰国皇家紫色色调的泼墨设计。

苏梅岛安纳塔拉拉瓦娜度假村

苏梅岛安纳塔拉拉瓦娜度假酒店豪华单间面积 52 m^2，现代热带装饰尽显最高标准。在岛上美景的映衬下，客房的超大户外休息区四面敞开，既可尽赏室外优美的风光，又保证了充沛的日照，使得室内光环境较为亲近、舒适。

三、空调

能使人体的温度调节机能处于最低活动状态的环境即令人舒适、愉快的热环境。度假酒店为克服多变的气候带来的不舒适感，多采用人工气候，保持一定的空气温度、湿度和气压，以保证客人的健康。空调的温、湿度设计标准与室外气候有关，各国均有国家规定。

环境条件	白天温度	夜间温度	注
冬天	24 ℃	24 ℃	低温调节
夏天	22 ℃	20 ℃	高温调节
相对湿度	40% ~ 60%	40% ~ 60%	使用双重玻璃以减少结露
新鲜空气	25 g/s	25 g/s	
空气过滤效率	95%	95%	
噪音标准水平	35 NC	35 NC	最大限度
噪音高级水平	30 NC	25 NC	最大限度
空气最快运动	0.15 m/s	0.15 m/s	从地板到 2 m 高

阿布扎比珏吉酒店的 Al Hosen 套房以大片的落地窗装饰墙身，让壮观的阿拉伯湾全景、滨海大道以及城市的天际线都尽收眼底。璀璨的水晶吊灯照亮了空间各处，有着灰色阴影的白色大理石的广泛运用，古典风格的家具无论是材质还是颜色皆颇具阿拉伯风情，并搭配华丽的细节装饰，尽显优雅。

阿布扎比瑞吉酒店

阿布扎比瑞吉酒店的 Al Manhal 套房坐拥波斯湾一览无遗的海景。其室内装潢奢华无比，床头背景墙的齿状装饰以及柔软金色地毯的细致图案，均蕴含传统的阿拉伯元素。精致典雅的古典家具拥有流利的曲线，细节之处亦展现出华丽感。此外，房间的门口处、角落和缝合处均饰有精致的大理石雕刻。

都喜天阙酒店

泰式传统套房洋溢着丰厚的文化底蕴，又不失现代气息，让人感受泰国的温和细腻。都喜天阙酒店套房以古代城市命名，搭配独特的本土家具和装饰品，唤起人们追忆泰国沧桑的历史。

安纳塔拉巴厘岛海景酒店

安纳塔拉巴厘岛海景酒店的房间拥有宽阔的阳台和落地玻璃窗，完全和谐地融入周围环境，犹如景观的有机组成部分。现代简约风格的建筑设计更突出展现了巴厘岛的自然美景。套房内饰设计具有当代风格，并配有齐全的现代化设施，令宾客尽享现代化的生活方式。

四、现代科技设备

客房中现代设备对创造舒适的环境气氛起到了重要的作用，等级越高，设备越齐全，技术水平越高。

智能控制系统：客房控制系统是酒店管理工作量最大、最繁杂、最重要的环节。网络型客房信息与控制系统集智能灯光控制、空调控制、服务控制与管理功能于一体，通过网络实现对分散的客房设备进行集中监控和管理，系统主要由客房部分、网络部分以及智能客房网络管理软件组成。其中客房部分由智能客房管理中心主机、内外门铃服务、智能身份识别门锁、插匙取电、中央空调数显分控器、保险箱、门态传感器、保险柜传感器等各种客房状态传感器及其他配件组成；控制网络则并入酒店局域网络中，通过其他网络技术实现具体的数据传输。

网络：按照星级酒店的要求，每一个房间至少要有两个网络接入点，由于酒店在房间内还要同时提供电视、VOD 点播的情况，将房间内的网络与电视、VOD 结合，给客人提供更方便的服务的同时，也为酒店创造更大的效益。在现阶段的技术下，有三种方式可实现网络配置，具体可根据酒店的实际情况进行使用：

（1）传统方式，即电脑与电视、VOD 分离使用；

（2）利用电视的机顶盒，将电视、VOD 与网络三者结合，通过遥控器让客人自己选择使用；

（3）利用无盘工作的原理，将电视、VOD 与网络结合在平板电视中，通过对电视的切换来选择使用。

电话：电话是客房的基本设备，客房电话通过直线拨号与世界各地联系已成为豪华酒店的必须。另有酒店专用电话可供语言、文字不通的游客按动键盘就能与服务、洗衣等有关部门联系，以便上门服务。

呼叫：呼叫系统使宾客能及时找到服务员，一般设在床头，现在发展到客房浴室中也设置了该系统。

音响：音响系统备有音乐、新闻、商情等多种频道，给客房带来生机。电视与闭路电视也是宾客娱乐的主要内容，也有豪华酒店为了使客人充分享受宁静的氛围而不设。

空调：客房空调设备的微调、客人自由调节室温以达到主观感受最佳状态也是豪华级客房的特点。

网络：指实现 internet 上网功能，分有线连接与无线 WIFI 覆盖两种方式。

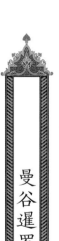

曼谷暹罗酒店

带有殖民风格特色的曼谷暹罗酒店暹罗套房以 Art Deco 风格打造，面积 80 m²，这处散发黑木光泽的居所内装饰有旧时代的各色灯饰及装饰画，极富年代感。

卫生间的设计

一、卫生间的设计要求

卫生间设计要求安全、易于清洁打扫、防滑、防结露及享受舒适、方便使用等。

卫生间的安全问题值得重视，应设置紧急呼人按钮或紧急电话以及紧急开门器，电器开关均为低压安全开关，设置浴缸或淋浴安全拉手等。

卫生间应设排气装置，以使客房增加新鲜空气，并可排除卫生间可能产生的异味。

意大利卡鲁索酒店大理石浴室设计是传统的意大利风格，明媚而温暖，精致的空间弥漫着浓郁的浪漫气息，让您沉醉在极致的奢华感之中。浴室设有现代化的沐浴设施，美丽的壁画和透亮的窗户让你在圆形浴缸享受沐浴的欢愉时亦可坐看萨勒诺湾的壮丽景色。

意大利卡鲁索酒店

卫生间的建筑五金、小品、水暖五金的质量也是重要问题,如肥皂盒为适应淋浴、盆浴,宜分设一高一低。为避免淋浴弄湿头发,淋浴器高宜1.7 m,并备有淋浴帽。水暖零件中混合龙头以一手能控制各种性能为最佳（指一手控制开、关及冷水、热水的调节）。

水龙头要选用轻柔出水、出水面较宽的,从而避免因水流太猛溅到客人的裤子上,而造成一时的不便和不悦。

镜子要防雾,且镜面要大。卫生间空间一般较小,通过镜面反射可使空间在视觉上显得宽敞。

卫生间中名目繁多的毛巾应位置明确,毛巾架需避免淋浴时飞溅的水珠。面巾、手巾常置于洗脸台侧。大小浴巾常在淋浴龙头对面墙上方,脚垫巾在浴盆前的地下。

卫生间地板设计要防滑耐污。在地砖与墙砖的收边处最好打上白色或别的颜色的防水胶,让污物无处藏身。过去卫生间地面选材常用地砖、马赛克或大理石,难免产生水流感,现在有的套间卫生间内铺小地毯或满铺尼龙地毯。

为了在浴盆溢水时也能保证安全,卫生间设地漏,但地漏易带来臭味,现有防臭味地漏,也有人主张只要防止水的溢出、溅出也可以不设,相应设铝合金或塑料制的浴盆来隔断。而在豪华酒店的总统或皇室套间中,卫生间除了洁具件数多、布局分隔多、面积大、五金零件考究外,其装修也要求独特而奢华。

在高级度假酒店的套间中除了宽台面洗脸盆外,还另设化妆台的套间卫生间约 8.5 m^2,单独化妆台和壁柜合约 4 m^2,更为独特的是该卫生间被称为"步入式卫生间",为了充分享受优美的海景,浴盆侧墙设计成可开启的百叶长窗,离地高度略高于浴盆。洗浴时,人在浴缸中也能看到优美的景色。

迪拜卓美亚斯布尔宫酒店高级双人房浴室采用土耳其奥斯曼风格的华丽内部装饰，精磨细琢，为客人带来充满浓郁文化气息的舒适沐浴体验。浴室主要以大理石进行打造，设有土耳其风格的大理石浴缸，且提供爱丝普蕾沐浴用品，堪称放松身心的完美之选。

德国波恩卡梅大酒店

在波恩卡梅大酒店国王套房（King Suite）卫浴空间的设计上，设计师仅将淋浴区加以区隔，其他区域如洗手台、浴缸都以开放式的手法配置。如此一来，洗手台与浴缸等设备犹如家具一般置于室内，成为空间中一个特殊而别致的场景。配合水晶吊灯、全高镜屏、直通天花板的装饰花瓶以及Marcel Wander 喜爱的花纹图腾，极尽奢华。

阿姆斯特丹弗莱彻酒店圆形曲面的帷幕风格也延续至客房。圆柱形透明淋浴间的设计相当大胆前卫，安装于人造树上的平板电视则予人以自然祥和之感，可见设计师"多元结合"的功力十分到位。

二、卫生间与客房的组织方式

卫生间与客房组合方式是客房层、客房设计的重要问题之一，常见的几种方式各有千秋。

（1）卫生间位于走廊两侧，这是最常见的经济形式。因充分利用进深，缩短了平均每间客房所占的外墙长度，亦缩短走廊长度，提高平面效率。卫生间位于客房与走廊之间，利于降低走廊噪音对客房的影响，且检修门开向走廊，可尽量减少检修时对客房的干扰。

（2）卫生间向外墙，通风良好，但客房进深较小、开间较大，平均每间外墙长度大于第一种方式的外墙长度且检修时需进出客房。现在的豪华度假酒店多采用这种形式，它对于客人来说，洗浴不只是一个结果，更是一种享受自然风景、人文乐趣的过程。现在度假酒店的套间客房也多采用这种形式，更多地满足客人在洗浴的同时欣赏户外的美景。

（3）两个卫生间置于客房之间，其外墙效率介于第一、二种方式的外墙效率之间。进入客房缺乏缓冲地带，有一目了然之虞，靠外墙的卫生间使该处家具布置不便，检修也需穿越客房。

（4）卫生间位于单面廊一侧，虽客房层走廊长、不经济，但卫生间可降低外部噪音对客房的影响。低层温泉度假酒店常用这种方式。

（5）卫生间与其他空间灵活分隔，可分可合，一般常用在豪华度假酒店客房中或温泉度假酒店中。未来的客房卫生间的设置将使用玻璃墙将浴室与客房或分或隔，但要保持二者空间的统一。

王子萨伏伊酒店

卫浴间利用色彩柔和的马赛克瓷砖拼贴出枝叶缠绕的图案，成为空间的视觉焦点，也让卫浴空间多了一分艺术气息。简洁明了的空间规划，加上极具巧思的壁面装饰，让空间更富有律动感，也使客人沐浴时心情更加愉快。

吉布提宫凯宾斯基酒店

卫浴空间重点布置格外重要，善用一些物件，就能营造出空间质感。独具异域风情的物件是最佳的选择，适当地摆上一件或几件，就能让卫浴空间充满异域风情，营造精致的氛围。此外，颜色与灯光的运用也很重要，营造出豪华的感觉。

三、卫生间的面积指标与类型

1. 面积指标

　　客房卫生间已成为衡量客房和酒店等级的重要内容之一，关于客房卫生间的面积，各国及各酒店管理集团自行规定。

　　我国《旅馆建筑设计规范》中指出：客房卫生间净面积指标为：一级旅馆 $4.5\ m^2$，二级旅馆 $4\ m^2$，三级旅馆 $3.5\ m^2$，四、五级旅馆 $3\ m^2$，其中四级旅馆要求 25% 客房设卫生间，五级旅馆 10% 客房设卫生间。

2. 客房卫生间类型

（1）客房设脸盆、坐便器，客房层集中淋浴客房卫生间，卫生间设二件洁具，面积小，设备管线简单。有的将脸盆放在客房内，坐便器设在小卫生间。

（2）卫生间设洗脸盆、坐便器、淋浴三件洁具，淋浴小间利于清洁、压缩卫生间面积。

（3）卫生间设洗脸盆、坐便器、小浴缸三件洁具，适于中低档酒店客房，常见盆式卫生间即此类型，浴缸长1～1.4 m，脸盆借用坐便器后的空间。

（4）卫生间设洗脸台、坐便器、浴缸三件洁具，这是最常见的中高档旅馆客房卫生间类型，洗脸台上可放各种梳洗用品，墙上大片镜面，浴缸长度大于1.4 m。

（5）卫生间设洗脸台、坐便器、浴缸、妇洗器四件洁具，这是欧洲酒店常见的客房卫生间类型，为适应欧洲女客的需要，其他地区酒店卫生间也有这一类型。

（6）卫生间设洗脸台、坐便器、浴缸、妇洗器和淋浴五件洁具，高级度假酒店套间卫生间设这一类型，并常在内部再划分小空间，使用方便。

（7）卫生间设洗脸台、坐便器、浴缸、妇洗器、淋浴、按摩冲浪式浴池等，豪华套间卫生间使用高级洁具，分梳妆、如厕、沐浴等小空间，面积大，装修豪华。

随着时代的发展，人们生活水平的提高，度假酒店客房中（1）～（3）所述的布置方式已很少采用。如今，客房卫生间经常设置浴缸。但据相关调查数据显示，90%以上的旅客愿意选择淋浴间。根据星级标准，浴缸是必备的设施，故很多酒店同时设置两种设施。

德瓦娜芙希岛卓美亚度假酒店

马尔代夫德瓦娜芙希岛卓美亚度假酒店舒缓身心的时尚浴室采用黄色的大理石装饰，与白色大理石的冷峻相比，黄色似乎更多了一种女性独有的温柔，也就像是无处不在的柔和的太阳光线一般。温馨明亮的浴室空间内设有大理石浴池和步入式淋浴。

卓美亚萨拉姆古城酒店

卓美亚萨拉姆古城酒店卫生间设计精妙，装饰材质包括马赛克瓷砖、木材、大理石等，充满了阿拉伯风格的独特韵味。淋浴间墙面以及墙壁上的内嵌式壁龛均采用颇具阿拉伯色彩的醒目马赛克进行铺饰，壁龛可供客人放置洗漱用品。浴室里提供独立的浴缸和淋浴，盥洗元素一个不少。

安纳塔拉帕岸岛别墅度假村

安纳塔拉帕岸岛别墅度假村海景泳池别墅的独立型浴室，通过对自然材质、泰式家具与灯饰的极致运用，展现出独一无二的现代泰国风情与文化。适当的绿植的巧妙点缀则让整个浴室如同一个小小的花园，正是这种似是而非的装饰使空间如此迷人，从中亦可窥探出帕岸岛别墅安娜塔拉度假酒店的用心。

宽敞的卫浴空间，利用百叶窗将户外绿意、美景揽入室内，创造出独享美景的悠闲卫浴空间。完备的功能加上绝佳的景观，使得入浴成为舒缓压力、享受独处时光的乐事。

卓美亚溪畔酒店

浴室设计不仅讲究卫浴设备，追求放大空间的最大可能，还要考虑建材的选搭，这也是左右空间氛围的关键。卓美亚溪畔酒店的这个浴室采用了彩色马赛克铺饰壁面，与大理石的地面与洗手台互相搭配，在不同角度的光线照射下，变化出丰富的视觉效果。同时，设计更使用了玻璃门，利用材质本身的特性强调视觉的穿透感。

四、卫生间的配置、物品与洁具

客房卫生间面积虽小，但设备、物品却很多，越高级的酒店在卫生间提供的物品、设备就越多。喜来登酒店集团提出卫生间设备有：脸盆、浴缸、冷热水、坐便器、电话分机、剃须刀与电吹风插头、淋浴喷头等；物品有纸篓、淋浴帽、淋浴液、杯子、牙膏、牙刷、肥皂、晾衣绳等。

1. 浴缸

浴缸的尺寸分大、中、小三种，常见的是：

大号：长 1680 × 宽 800 × 深 450（mm）

中号：长 1500 × 宽 750 × 深 450（mm）

小号：长 1200 × 宽 700 × 深 550（mm）

浴缸的选用直接与卫生间的大小、等级、造价有关，豪华级酒店客房卫生间面积大，常用大号浴缸，舒适级常用中号，经济级常用小号浴缸或淋浴间。万豪酒店提供单个安装在墙壁上的浴缸，配冷热水混合控制/压力阀以及淋浴控制、浴缸龙头、溢流及出水口控制装置。浴缸的尺寸最小为 1.5 m × 0.81 m × 0.3 m。

2. 淋浴

淋浴设施选择避免过分复杂，要选用客人常用的和易于操作的设备。淋浴需配备固定的、可定温及调节水流速度的花洒，花洒至少离地面 1.9 m 高。淋浴室（面积至少 120 cm × 100 cm）配防滑地面或垫脚物、坚韧的玻璃门、门槛或地槽、排风机。禁用塑料、木质材料或在橱柜上贴瓷釉。

3. 坐便器与妇洗器（净身盆）

坐便器尺寸一般为：宽 360 ～ 400 mm、长 720 ～ 760 mm，前方需留有 450 ～ 600 mm 的空间，左右需有 300 ～ 350 mm 的空隙，常用虹吸式低噪音坐便器。妇洗器是专为妇女净身用的设施，尺寸比坐便器略小。

印度海德拉巴柏悦酒店

印度海德拉巴柏悦酒店美轮美奂的浴室以水疗中心为设计灵感，配备超大型的浴缸以及干湿分离的淋浴设施。

4. 洗脸盆

洗脸盆尺寸一般为 550 mm×400 mm 左右，盆面离地高度约 760 mm。盆前方须留 450～550 mm 的空间。

现代豪华级酒店将洗脸盆与化妆台结合起来，洗脸盆常嵌于宽 550～660 mm 的化妆台中，台板上可供旅客放自带的各种梳洗、化妆用品，也供旅馆客房服务员摆放各类用品。

化妆台正面常是整片镜面，以扩大空间感，两侧有的是镜面，有的是电气插头、手巾与面巾棍，豪华酒店还设有供化妆、剃须用的放大圆镜，镜前照明应使光线从人的前上方照到人的脸部。豪华级卫生间的镜面后还要装加热导线，以提高温度、消除雾气。镜面离化妆台面至少 100 mm。化妆台一般采用天然大理石或人造大理石，易于清洁，不会使醇类化妆品留下痕迹。

摩洛哥悦椿楼阁

摩洛哥风格装饰以鲜明的色彩、夸张的图案和大胆的设计成为设计界追捧的热潮。摩洛哥悦椿楼阁的浴室糅合经典的摩洛哥色彩和图案设计，墙壁乃至整个浴缸都铺贴了 Zelij 瓷砖，浴缸两边各摆放了一只金色的高大烛台，充满异域风情，给人眼前一亮的感觉。

文华东方酒店

中轴对称的雅致卫浴空间，典雅与现代交相辉映，古老的东方风情与顶尖的现代艺术时尚交汇，体现了当代人对于幸福美满的追求。该卫浴室内装饰着精美的艺术品，配备独立浴缸、步入式淋浴和最新技术设备，给你极致奢侈的享受。

尤利西斯拉帕宫酒店

尤利西斯拉帕宫酒店浴室的殖民风格装饰有着奢华的情趣，浴室的墙面贴满了经过精心烧制的瓷片，无论是在形状上还是在上色上，都显示出极高的品质。青花色的瓷砖拼成美丽的植物图案，精致、古朴、明净，航海时代留下的印记依然保留至今。浴室配备有先进的沐浴设备，硕大的深浸浴缸和柔软蓬松的浴巾，将疲惫一扫而光。

五、卫生间的灯光设计

　　卫生间的照明以柔和均匀为宜，应配合普通照明与镜前照明，用灯光营造洗浴间的清爽、洁净，同时满足局部照明要求；采用防雾筒灯或吸顶灯完成基础照明，采用节能筒灯结合防雾天花灯配合局部照明，照度要求相对较高（300 lx）；在马桶正前上方可安装天花灯便于阅读；浴缸上方以防雾筒灯作基础照明，洗手池可以用筒灯或射灯完成局部照明；镜前灯的照度要在 280 lx 以上。

皇家海市蜃楼酒店

皇家海市蜃楼酒店卫浴空间以木材、大理石和板岩来装饰，低调奢华。独特的阿拉伯式窗口、错综复杂的图案以及灯饰，这些伊斯兰建筑的特点与中东风情都完美融入浴室精妙的设计之中，营造出一种特别的宁静。浴室拥有淋浴设施及花岗岩台阶、单独卫生间、浴盆还有橱柜，设施完善。

参考资料：

《度假酒店客房设计研究》作者：兰开锋

《静谧的声环境——酒店客房声学设计》《中国饭店》杂志，作者：邵亚君

《无障碍客房》来源：安高装饰设计

《酒店总统套房设计说明》来源：哲东酒店设计

卡萨德内华达饭店

浴室以具有线条感的瓷砖作为墙面材质，不仅变幻出丰富的空间表情，搭配独特的浴缸，也让空间有了一丝复古的韵味。天花板上也加入灯光，不同的光线交织出缤纷的效果，为空间视觉加分。

巴厘岛雷吉安酒店

巴厘岛雷吉安酒店纯木结构的浴室营造出一种温馨、舒适的感觉，为人带来阵阵清凉。而大理石、白色巨大浴缸以及棉、麻等天然织物的参与则有利于打破木材略显细腻和单薄的风格，一粗一细，既产生对比，又营造出十足的天然之感。温暖的日光，加上一些人工照明，柔和、温馨的氛围便得以成功营造。

长白山柏悦酒店

长白山柏悦酒店卫浴室装修精雕细琢，利用充满东方风韵的木质材料进行装饰，处处体现出高贵典雅的风范。配备的超大浴缸和加热地板，让入住的每一分钟都充满奢华享受。

亚特兰蒂斯湾酒店

卫生间天花板的设计是其一大亮点，鲜艳的色彩、生动的图案，轻易就让空间多了一丝灵动、活泼的气息。

世界奢华酒店
精品客房赏鉴

一、套房

费尔蒙纽约广场酒店

"皇家平台套房"真是与众不同，平面设置有两卧室套房。37 m^2 的空间跨居两个楼层，全景式视野。下层设有客厅，可以俯瞰中央公园，曾经的壁炉已经得到了修缮。除了餐厅，还有备膳房、盥洗室。一切皆为宾客放松、社交而设。其中一个卧室套房可以俯瞰城市繁华万象。上层空间，主卧相对宽大，内有超大的卧床，中央公园的风景独好。主浴室内设浴缸。独立式玻璃花洒附带有24克拉的镀金"瓦格纳"装置作为装饰。绿叶形状的大理石马赛克瓷砖理念源于中央公园。软件设施则有周到的"管家服务"。

卓美亚萨拉姆古城酒店

　　卓美亚萨拉姆古城酒店海景豪华特大床房散发浓郁的阿拉伯风情，精致典雅、舒适惬意，彰显无尽的奢华。古色古香的家具精美别致、深色木料家具的雍容华贵与壮观亮丽的绝佳视野交相辉映。

房间粗犷的建筑布局充满了古典的魅力，多个开窗设计使人即便在房间里亦可以看到窗外沿海的景致。柔软的布艺家具搭配十八世纪的壁画和画作，使空间显得明媚而温暖。

安纳塔拉盖斯尔阿萨拉沙漠酒店客房设计彰显了"大繁若简的低调高雅"和"阿拉伯式纯粹的精致奢华"。每一间客房都经过了精心的布置，中东风格的地毯、壁画、天花板上悬挂的珠宝镶嵌的银铜吊灯、手工定制设计的家具简朴中透出古色古香，木刻、草编等传统工艺制品随处可见。原木搭建的阳台和当地特有的草木结构顶棚，这种返璞归真的奢华，低调而质朴，似乎能让人瞬间回到传统的阿拉伯风情之中。

迪拜 One&Only 棕榈岛度假酒店的客房和套房具有拱形的空间、有规律对称的宽大拱形窗和阿拉伯风格装饰，搭配精美家居，并且都设有室外露台或私人泳池，营造出仿如居家般的独特温馨氛围。秉承阿拉伯悠久的设计风格，精美的机织物、雕刻精致的黑木家具和装饰性玻璃摆件，营造不经意的奢华典雅。

意大利威尼斯希普利亚尼酒店

意大利威尼斯希普利亚尼酒店（Hotel Cipriani, Venice）的 Palladio 套房独立于水面之上，落地玻璃环绕四周，在任何角落欣赏风景都拥有绝佳视野。套房以精美的玻璃和布艺细诉威尼斯的往昔岁月，威尼斯风格的精致古董家具和当地手工艺术品仿佛将人带入了古老的历史幻境中。

王子萨伏伊酒店

Principe 套房位于主建筑拐角处，新的 Principe 套房包括一个高雅的入口、一间宽敞的卧室、一间大浴室和舒适的起居室，可以俯瞰 Piazza della Repubblica 广场。现代典雅的套房完全由弗朗西斯·巴蜀设计，丰富的贵金属和多彩的家具，实现了经典的传承。

Royal 套房久负盛名，位于一楼，是酒店的标志性套房，可以俯瞰典型的意大利广场花园。套房由建筑师迈克尔·斯泰莱亚设计，运用多色的大理石地板，设有一个宽敞的大厅、客厅，房间内有丰富的丝绸镶板，几何图形更显现代。

斋浦尔皇宫酒店

斋浦尔皇宫酒店的豪华套房是整个酒店的重中之重：古董家具配以散落各处的精致艺术品，浓郁却不突兀的色彩与繁复的纹样交织在一起，精细而浑然天成的雕工，置身此中，如梦似幻，委实难以言喻。

巴厘岛切蒂萨卡拉酒店

巴厘岛切蒂萨卡拉酒店套房融合现代舒适的室内设计与浓郁的传统巴厘岛风情，享有明媚的阳光与环绕周围的自然美景，简约清新。宽敞、开放的空间运用一个从地板到天花优雅的滑动式落地隔墙，便能转变成宽敞、舒适的私密居所。

德国波恩卡梅大酒店

德国波恩卡梅大酒店的 Beethoven 套房，顾名思义，当然与音乐有关，房内配备包括 Bluthner 钢琴、IPod 插座、立体声音响等器材。休息区设有 King Size 的宽敞睡床，同时更有可饱览莱茵河美景的大窗。浴室设有浴淋式花洒及坐地浴缸，提供超凡沐浴体验。

摩洛哥悦椿楼阁

摩洛哥悦椿楼阁双卧悦椿传统套房内的休息室，经过精心修复，装点着小块 Zelig（陶瓷艺术）瓷砖，天花板上复杂的石膏线条，保留着原汁原味的传统魅力。除了摩洛哥粉刷技术装修，室内亦摆放当地古董、手工地毯和当代艺术品及纺织品，打造出马拉喀什皇家尊贵体验。

马德里丽兹酒店

马德里丽兹酒店房间设计风格卓绝，大胆地加入了爱尔兰的亚麻布，使整个套间看起来更加温馨。客房使用的毛垫、地毯、墙壁装饰等均由皇家织毯厂制造；浴室全部装饰以大理石，硬亚麻被单都是手工制作；配以著名的艺术品和华贵古董装饰，使房间具有高贵的文化色彩。

维也纳萨赫酒店

壁纸是一种常见的装饰材料，由于其花色、图案风格的特点，深受设计师喜爱。酒店房间运用图案简单雅致的壁纸铺满空间墙壁，加深人们对空间主题的印象。此外，在卧室区域，壁纸与家具、床品、窗帘、地毯、灯光等元素相称，且过渡自然。

迪拜卓美亚海滩酒店

命名贴切的 Beit al Bahar 别墅是传统阿拉伯式奢华的典型代表，在这里，《一千零一夜》中的传奇故事以神秘的宫殿为背景，其间高耸的木制拱门、带有华盖的特大床、柔软的深色亚麻制品、华丽的波斯地毯，以及采用真金打造的水龙头，得以生动重现。

新
德
里
泰
姬
宫
酒
店

新德里泰姬宫酒店的总统套房尽显奢华与舒适，灰褐色基调与斑木、乌木的色泽极其相配。多质感的面料运用其中，更是让空间有了一种排他性的"室内"感。整体上，空间给人一种俊朗、现代，但又精致的感觉，同时不乏莫卧尔王朝的辉煌身影。

二、标准间

摩洛哥悦椿楼阁的客房装饰温馨舒适，糅合经典的摩洛哥色彩和图案，从墙壁颜色到带框的大镜子，从摩洛哥手工艺品与艺术品的迷人色调到浴室的家具与装饰风格，无不彰显着精致格调。窗栅的花纹设计、抛光木板、饰有传统图案的灯具、台灯和浴室 Zelij 瓷砖……这些装饰均彰显出摩洛哥的迷人情调，洋溢着北非的浓郁文化气息与古老的摩洛哥文化。

摩洛哥悦椿楼阁

布莱克酒店

客房设计不负酒店"精品""奢侈"的美名，鲜艳的深红丰富多彩，暗暗的玫瑰红令人想起远方的色彩的生动。Corfu 岛套房内有四柱床，具有白色浪漫意象。套房，则别有天地。约瑟夫王后套房，乌木的厚重伴着金色的帐篷式卧床。另外，现代物质文明的设施，如电视、电话、iPod 基座让此处成了一个虽有现代烦扰，但却可尽情享受宁静的隐逸之处，让人有一种隐居的感觉。

"纵"空间位于内华达山脉一侧，主量体分布于主建筑及四个殖民时代的公馆内。重新设计后的房间，虽然奢华、现代，但却保留了旧时代的历史特征。尽管各房间都极尽艺术、古董、织品的特色，但彼此之间却没有丝毫的雷同。别致的"高级"客房传承当地风格，给人提供一个可以沉溺其中的空间。在此可以舒展身心；或静卧于超大的卧床上；或沉思于壁炉前，任由灰飞烟灭，遥想当年。

瑞吉罗马酒店

以华贵的蓝色、红色和金色的优雅装饰，配以木质的内嵌家具和丝绒扶手椅，给人高贵、奢华的感觉。床头背景墙是以古罗马为题材的手绘壁画，为客房带来了怀旧的故事情节。床上奢华的丝织品、缎子，豪华的毛毯，源自国家官邸的名贵古董，传递着永恒的优雅。

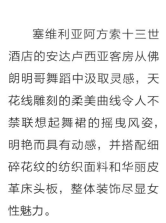

塞维利亚阿方索十三世
酒店的安达卢西亚客房从佛
朗明哥舞蹈中汲取灵感，天
花线雕刻的柔美曲线令人不
禁联想起舞裙的摇曳风姿，
明艳而具有动感，并搭配细
碎花纹的纺织面料和华丽皮
革床头板，整体装饰尽显女
性魅力。

塞维利亚阿方索十三世酒店

麦卡里斯特公馆

麦卡里斯特公馆酒店套房特别委托艺术家进行艺术创作，如墙上的人物艺术品，以及空间内设有螺旋楼梯和塔楼等，简约之中富有浓郁的艺术气息与创作精神，让人耳目一新。

毛里求斯爱舟酒店

毛里求斯爱舟酒店客房的设计理念低调中不乏雅致，重点在于其宽敞的空间与柔和明亮的灯光。客房采用多种颜色，充满活力却又不花哨。珊瑚色边缘的落地窗帘与清凉的米白色墙壁、天花板相映，使整个房间的色调清新明亮。浴室内设有玻璃门、镀铬配件、米白色瓷砖以及白色洁具。浴室宽敞时尚，线条简洁，色彩简约。

曼谷半岛酒店

曼谷半岛酒店位于 36 层的宽敞泰式套间，以传统泰式豪宅概念设计而成，装修典雅，以精美丝绸和雅致的柚木地板装饰，光洁的金色天花板设内嵌隐藏式可调节灯光。宽敞的豪华特大双人床，饰以独一无二的泰式鎏金传统雕刻。最先进的视听系统巧妙地隐藏在板条木制橱柜内。最特别的是，可通过望远镜尽情欣赏观景窗外的美景。

曲阜香格里拉大酒店

曲阜香格里拉大酒店的特色套房位于酒店 15 楼，面积达 168 m²，装饰风格完美地将传统与现代融合在一起，家具细腻优雅。从落地窗可欣赏壮丽的河景和花园景色，是招待宾客和举办私人会议的完美选择。

三、别墅

普吉岛斯攀瓦酒店

普吉岛斯攀瓦酒店豪宅别墅融合时尚生活和精致娱乐于一体，以热带风格设计为主，无论是外部还是内部都按照与自然相结合的理念进行最高标准的设计。卧室设计天然舒适，采用高档亚麻布置，给人温馨的感觉。

塞舌尔北岛度假村

塞舌尔北岛度假村别墅（The North Island Villas）每一栋别墅都在距离海滩几步之遥的棕榈树的掩映之下，由塞舌尔和非洲手工匠独立建造完成，材料主要以木材、当地的石料、玻璃以及茅草为主。整体的设计创意是为了确保别墅本身能够将其融入客人的生活之中，同时又单纯地提供了一个让精神和灵魂休憩的空间。每一栋别墅都完全独立，并且都建于高于地面 1 m 的位置，以便更好地享受凉爽的海风。

艾瑞杜塞舒旅馆

　　艾瑞杜塞舒旅馆的每个房间各不相同，但都有着强烈的现代主义简约气息。卵石、木料和玻璃等材质干净利落地运用在建筑的各个空间。而在客房内还大量运用了抛光水泥，从天花到墙面和地面，灰色的水泥面围合出"冷静"的空间气氛。作为背景的浅灰基调，与经典白色相比更多了一份神秘感和工业气息。而室内风格迥异的家具和饰物则中和了这份硬朗，从古典风格的旖旎到非洲风的野性，这些颇具民族特色的软装饰物为房间增添了一份暖意，也给四方旅人带来熟悉的感觉。

　　此外，设计更贴近自然，尽全力把自然带进建筑内。橄榄树、薰衣草、木柱等草木以全新的方式布置在室内，纸莎草则完美地衔接了室内外的过渡空间。从餐厅的灯具到床的基座和背板、床边桌，甚至是钢琴架板，皆由室内设计师和旅馆主人亲自改造，他们和木匠、石匠、铁艺师等一起群策群力，把回收物品打造得精美绝伦。这些朴实的具有自然之美的物件，在不经意间进入视线，并融入生活。

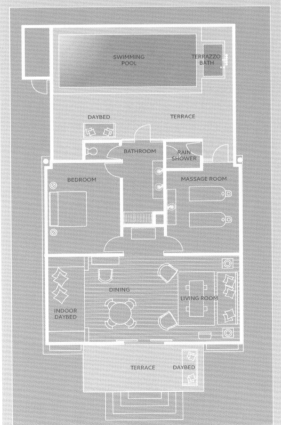

SWIMMING POOL
TERRAZZO BATH
DAYBED
TERRACE
BATHROOM
RAIN SHOWER
BEDROOM
MASSAGE ROOM
INDOOR DAYBED
DINING
LIVING ROOM
TERRACE
DAYBED

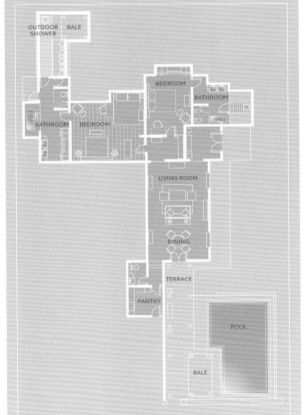

OUTDOOR SHOWER
BALE
BEDROOM
BATHROOM
BATHROOM
BEDROOM
LIVING ROOM
DINING
TERRACE
PANTRY
POOL
BALE

SHOWER
BATHROOM
BEDROOM
LIVING ROOM
TERRACE

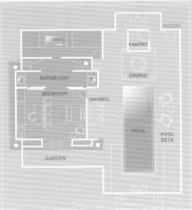

PANTRY
BATHROOM
DINING
BEDROOM
DAYBED
POOL
POOL DECK
GARDEN

乌布塔娜伽嘉祺邸度假会所酒店客房设计选用天然色调搭配利落线条，为宾客打造出私密空间，让其在此可最大程度放松心情。空间的通透明亮与充足的光线乃客房的设计重点，因此客房设有落地玻璃窗，尽收四周连绵不绝的静谧景致。别墅的室内装潢因展示 Hadiprana 先生丰富广泛的著名艺术珍藏而满室生辉，尽显品位；而各个房间亦摆放着经过精挑细选的爪哇及巴厘岛工艺品，瑰丽夺目，突显 Hadiprana 先生的独特风格之余，亦令宾客顿感亲切，仿如已是 Hadiprana 先生家族的一分子。

马来西亚月之影度假村的建筑风格仿十七世纪富丽堂皇的马来西亚宫殿设计，极富本地特色，同时也体现了马来民族细腻的艺术天赋以及热情好客的本质。度假村客房室内设计大量采用木材装饰，包括地板、墙壁以及天花板，给人原始而质朴的感觉。家具由本地木材制造，饰以各种特色纺织品，显得舒适雅致。开放式的空间布局，既保证了通风，又满足了光照的需要。

"Mai Khao"，在泰语中表示的意思为"白色的木头"。空间位于泰国普吉岛的西北海岸。世界级的建筑与高档的室内设计成就着现代泰式风格的奢侈，强化着声望与优雅。空间保留着泰式风格美学的设计，给人一种永恒的感觉。纯白的单一色系在空间里特别显眼。设计的灵感来源丰富多彩，有泰式织锦、面料、艺品、历史绘画以及海水冲刷的沙滩别墅。白色的水洗木、自然的柚木映衬着富有质感的瓷砖。松绿色的家具面料及金黄的色调若隐若现。所有的元素铺陈着泰式海滩别墅的奢华，内里则是"新英格兰"高档次的滨海前沿的品位。业主对于泰式艺术、工艺的喜爱导致了以泰国神话、传奇为主题的画作在空间中出现。水元素的主题以现代的手笔在空间交织展现。传统的泰式家具、陈设、工艺、绘画给人一种淋漓尽致的美。

图书在版编目（CIP）数据

奢华酒店：从来不说的设计秘诀 / 黄滢，马勇 主编 . – 武汉：华中科技大学出版社，2015.1

ISBN 978-7-5680-0590-6

Ⅰ . ①奢… Ⅱ . ①黄… ②马… Ⅲ . ①饭店 – 建筑设计 – 世界 – 图集 Ⅳ . ① TU247.4–64

中国版本图书馆 CIP 数据核字（2015）第 022766 号

奢华酒店：从来不说的设计秘诀（1、2）

黄滢 马勇 主编

出版发行：华中科技大学出版社（中国・武汉）

地　　址：武汉市武昌珞喻路 1037 号（邮编：430074）

出 版 人：阮海洪

责任编辑：熊纯　　　　　　　　　　　　　　　　责任监印：张贵君

责任校对：岑千秀　　　　　　　　　　　　　　　装帧设计：筑美空间

印　　刷：利丰雅高印刷（深圳）有限公司

开　　本：889 mm × 1194 mm　1/12

印　　张：50（第 1 册 26.5 印张，第 2 册 23.5 印张）

字　　数：300 千字

版　　次：2015 年 4 月第 1 版 第 1 次印刷

定　　价：698.00 元（USD 139.99）

投稿热线：（020）36218949　　　duanyy@hustp.com

本书若有印装质量问题，请向出版社营销中心调换

全国免费服务热线：400-6679-118 竭诚为您服务

华中出版